「BIツール」活用超入門
Google Data Portalではじめる
データ集計・分析・可視化

近藤 慧【著】 前側 将【監修】

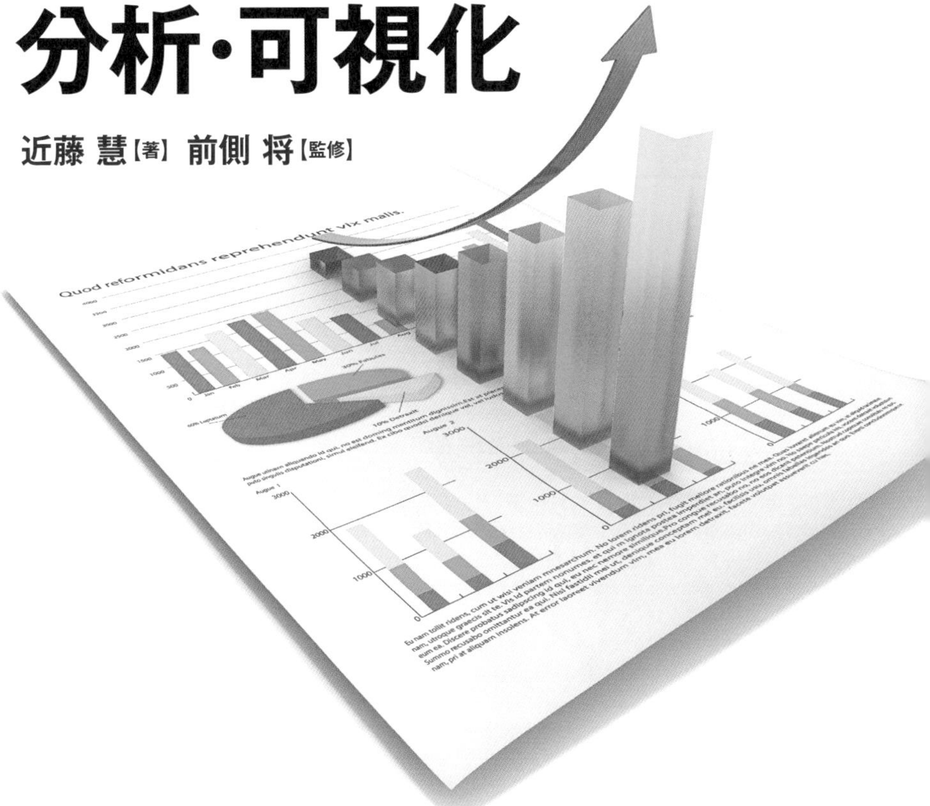

秀和システム

本書サポートページ

秀和システムのウェブサイト

https://www.shuwasystem.co.jp/

本書ウェブページ

本書のサンプルは、以下からダウンロード可能です。

https://www.shuwasystem.co.jp/book/9784798065410.html

はじめに

本書はBIツールの入門書です。BIツールはデータ分析の流行に合わせ、使われる機会やユーザーが増えてきています。そこで、本書は個別のBIツールの説明よりもBIツール全般の知識を入門者が身に付けられることを目指した内容になっています。

BIツールの流行

データ分析が企業にとって大事と言われるようになり、10年ほどの月日が経ちました。その間に企業のデータ分析環境やデータ分析に対する興味は高まり続けています。

それに伴い環境や利用するツールはどんどん便利になってきています。その中でも特に代表的なものはBIツールでしょう。これはデータの分析や可視化を簡易にするツールです。BIツールは表計算アプリよりも綺麗かつ便利に可視化を行い、プログラミング言語よりも手軽にデータを扱うことを可能にします。

データの蓄積だけでなく活用を考える場合、ユーザーが最も触れる機会が多いのがこうしたBIツールでしょう。そのため、BIツールが利用されるケースはどんどん増え、業務で使う必要がある人も増えてきています。

企業でデータ分析の重要性が高まるにつれ、より多くの人がデータ分析を行えるようになるべきという価値観が強くなっています。そうした状態のため、BIツールのように誰でも簡易にデータ分析ができるツールの流行はしばらくは続きそうです。

この本の目的

本書は表計算アプリは使っているが、BIツールは初めて、という人を対象にしています。これからBIツールに触れる人の初めの一歩をサポートすることを目的としました。

環境やツールは便利になっています。しかも、利用が簡易になったため、さまざまなバックグラウンドの人が入門するようになってきました。

その中には、当然データ分析を学んでこなかったり、企業の分析環境や情報システムと無縁の方もいます。にも関わらず、BIツールに関する情報は集めにくいままや、過去の専門的な情報のみのままと感じています。

そのような状況のため、興味を持ち始めた人が最初に手に取れる一冊が必要と考え、本書を執筆しました。本書は入門書が実際にBIツールを仕事で使う前に、分析やツール、環境などを広く独学できることを目指しました。個人での利用はもちろん、チームに入門者が入ってくる際の事前教材としても使っていただけると思います。

この本で学べること

本書ではBIツールの使い方と、それの前提となる分析や業務、環境に関する知識を学べるようになっています。実際に手を動かすハンズオンを通し、ツールの操作手順や分析の際に意識することを学ぶことができます。それに加え、一つのBIツールに留まらない関連知識や業務知識もできる限りたくさん乗せてあります。

これは筆者が実際に入門し、活用するまでの苦労に基づき、必要と思われるものをピックアップしています。入門者にとっての最初の一冊目に最適な内容にできたと思っています。

謝辞

最後に、本書の執筆には下記の方々のお力をお借りしました。この場をお借りして、感謝の意を伝えさせていただきます。皆様には深く感謝いたしております。

（敬称略）

大宮 英紀、近藤 恭平、白子 佳孝、中野 秀規、日高 雄介、本林 英和、吉田 裕宣

近藤 慧

第1章 入門編：分析ダッシュボードを作ってみよう – 実際の業務体験ハンズオン

第2章 ステップアップ編: さまざまな分析をしてみよう −実践で使えるさまざまなテクニック

第3章 レベルアップ編：BIツールに関する知識をつける

入門編：第1章
分析ダッシュボードを作ってみよう
–実際の業務体験ハンズオン

1▸1 BIツールの基本

ここでは、本書を学ぶ上で最も基本となるBIツールそのものに関する基礎知識を説明します。その後、本章の理解の助けとなるように、本章の各節の概要を説明し、全体の様子と構成を紹介します。

▶ BIツールとは何か、なぜ今BIツールなのか。

本書はBIツールを学びたい人、学ぶ必要がある人、学ばせたい人が選択する最初の一冊となることを目標に書かれています。ですので、本書を手に取っていただいた方は、これからBIの世界に踏み入れていく人かと思います。

ここでは、そういった方に向けて基本的な用語の確認や、BIツールの立ち位置について説明していきます。

BI(Business Intelligence)ツールという言葉はビジネスにおいて、企業内の情報系システムの一部を指します。これと対になるのは、顧客に使ってもらう**提供サービス**や、社内で使う**基幹業務システム**です。基幹業務システムは、実際の業務に関する情報を入出力します。具体例としては受注情報を入力するのは、基幹業務システムで、ECサイトなどは提供サービスシステムです。これらと比べると情報系システムはビジネスの本流からは遠く感じるかもしれません。

BIツールでない情報系システム

- **顧客に使ってもらう提供サービス　→ ECサイトなど**
- **社内で使う基幹業務システム　→受注情報を入力する**

情報系システムは企業の脳のようなものです。企業の規模が大きくなると、業務の管理や効率化が難しくなってきます。また、**勘や経験に頼った意思決定よりも、データを用いた意思決定**の方が予想の大外しをしにくくなります。そうした状況になった時、企業内のデータを吸い上げ、分析し、業務を管理、改善していく際に情報系システムの存在は非常に重要なものになります。

このように重要な情報系システムですが、最近ではデジタル化の後押しも受けて重要度が増しています。情報系システムで扱えるデータが増えているためです。ユーザーの行動がスマートフォンやWebで記録されるのはもちろん、センサーの発展に伴い大量のデータを確保できるようになりました。こうしたデータ増加の影響もあり、情報系システムによる業務の改善の幅はさらに広くなってきています。

BIツールでのデータ分析ニーズの高まり

- デジタル化の後押しをうけて重要度が増している
- ユーザーの行動がスマートフォンやWebで記録される
- センサーの発展に伴い大量のデータを確保できるようになった

参考情報として、Googleの提供するGoogle Trendという世界のトレンドを見られるサービスを見てみましょう。世界において、「ビジネスインテリジェンス」というトピックのトレンドは上昇し続けていることがわかります。

Google Trendにおける世界のビジネスインテリジェンス（トピック）のトレンド

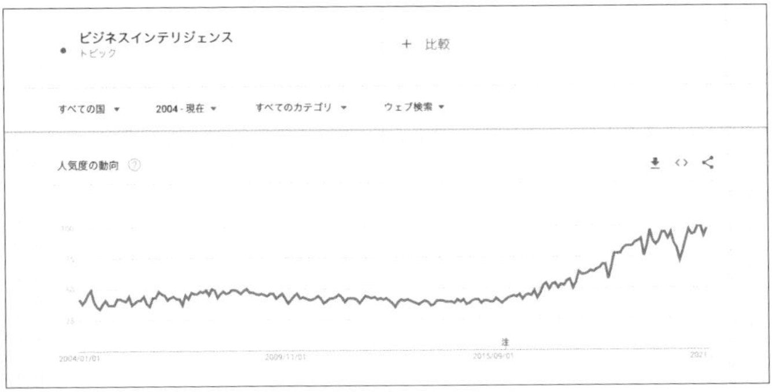

しかし、使えるデータの量が増えても、それを加工や可視化して業務で使うことのできる人材は少ないのが現状です。加えて、こうした大量のデータを扱えるシステムを用意するのにも専門性が必要です。

そうした状況で、進化が進んでいるのが**BIツール**です。BIツールはもともとは情報系システムで可視化などを担うのが主な機能でした。現在では、情報系システムに必要な機能を網羅するものも増えてきています。そして、加工などを簡易にする**セルフBI**によって加工や可視化の人材不足を解決しようとしています。

今、まさに、**情報系システムやデータ分析環境の重要度の高まりと、その中でBIツールのカバー範囲の高まりからBIツールは重要なものとなっています。**

▶ BIツールを学ぶことが難しかった理由

前述の通り、BIツールのニーズが高まっているので、使えるようになることは価値があるでしょう。今後、ビジネスの色々な現場でデータの活用はさらに進むでしょう。そして、その手段としてBIツールが採用されれば、BIツールを使える人のニーズも高まるでしょう。

多くの場合、BIツールは簡単に使えると説明されます。簡単に使えるのだから、わざわざ学ぶ必要はないように感じてしまいます。

しかし、実際のところ、BIツールを使いこなすのは、思ったほど簡単ではありません。もちろん、ツールを操作し、データにアクセスしたり、グラフなどを作ること自体は簡単です。ただし、BIツールは、使用の前提となる**データ分析のリテラシー**の不足を補うことはできません。加えて、操作自体は簡単でも、そもそも、ツールに触れる機会がほとんどありません。使える状態と、使い慣れている状態では利用のストレスや速度に差があります。しかし、現状では導入して初めて触るので、慣れるまでに時間がかかってしまいます。

データ分析のリテラシーは、データから情報を作り出したり、読み取る力です。これは専門家一人が持っていれば良いようなものではありません。コミュニケーションをとる人が、知っておく必要があります。しかし、実際のところ、こうした基礎部分に関しては我流やなんとなくで済まされていることが多いようです。そうした場合は、データを見ていても客観的な意思決定から程遠く、むしろ作業時間ばかり増えて本末転倒になることもあります。その結果、データ分析が取りやめになる現場も存在しています。

親しみにくさの原因は、無料で公開され、手軽に触れるBIツールが少ないためです。さらに**BIツールを試すにはデータも必要**です。これをまとめて用意し、学習するのは大変です。そのような状況では、人材の確保や教育のコストもどんどん高くなってしまいます。

親しみにくさの原因のもう一つとして、**密接に関わる領域の知識も学ぶ必要がある**、というのもあります。BIツールは情報系システムの一部、と述べました。実際のところ、情報系システムやデータ分析環境のサブシステム間は境目が曖昧であり、それらも学んでおく必要があります。

BIツール分析の親しみにくい原因

- BIツールを試すにはデータも必要。学習用データの用意は大変
- 密接に関わる領域の知識も学ぶ必要がある

このように、学ぶ価値はあっても、実際に業務のために学ぶのが難しいという問題があります。需要自体は増えていますから、人材を採用したり育成しようとする動きは多くあります。また、それを満たすためにBI人材を派遣する会社も増えています。ただし、初学者が一人前になるどころか、最初の一歩をふみ出すことすら苦労しているのが現状でしょう。

そこで、本書は学習の大変さを取り除くことを目的に書かれています。**BIツールの操作だけではなく、その土台となるデータ分析の基本的な事柄も合わせて学べるようになっています。加えて、学習には無料でブラウザから使えるツールを使い、練習用に実務でありそうなデータを用意し**

ました。これにより、素早く学び始められるかと思います。さらに、関係するデータ分析環境に関する知識も整理してあり、最低限必要な知識を学べることを目指しました。

本書の進め方

BIツールと本書の立ち位置について理解いただいたところで、本書の具体的な進み方について説明させていただきます。まず、使うツールや各章の内容、前提とするビジネスケースについて説明します。

本書ではGoogle Data Portal（以下Data Portal）というBIツールを用いてBIツールの使い方を学んでいきます。

Data PortalのWebページ

Data PortalはGoogleが無料で提供しているツールで、Googleアカウントをお持ちであれば、無料でブラウザから使うことができます。無料ではありますが、基本的な機能は網羅されています。しかも、Googleの提供する他のサービスとの連携も手軽にできますので、本書で学んだ後、実務でも使っていけるでしょう。

本書の1,2章ではBIツールやデータ分析に関わる基礎的な知識に触れます。そして、実際にData Portalを操作するハンズオンという形式で知識、プロセス、作り方を学んでいただきます。

続いて、3章では情報系システムを運用していく上で必要になる知識を説明しています。ここまで、通して学ぶことで現場で出てくる用語や考え方などに、ついていきやすくなるはずです。

なお、練習用のデータは、スマートフォンアプリのデータをイメージしました。

1,2章で用いるデータはコーヒー専門店が自社開発しているテイクアウト注文アプリを想定しています。このコーヒー店は関東に5店舗程度あり、店内での憩いの時間よりも、手軽に高品質なコーヒーを提供するために、持ち帰りが中心となります。このアプリを使うことで、利用者は実際に来店しなくても事前にコーヒーや食物、コーヒー豆といった商品などを注文し、受け渡し時間にお店に行くことで、商品を受け取ることが可能となります。その際に、利用者は事前に支払いを行うか、来店して受け取り時に支払うかを選ぶことができます。

また、このアプリのアイデアやデータは本書用に作成したもので、実在する組織やアプリとは無関係なものとなります。

この章の目的

最後に本章の理解の助けとなるように、第1章の目的と内容について説明します。

この章ではデータ分析のプロセスに入門し、BIツールの基本的な機能を学ぶことを目的としています。分析プロセスは非常に高度なデータサイエンスのプロセスもありますが、ここではより簡易な、与えられたデータを集計・可視化し情報を引き出すものを想定しています。

特にこれらのプロセスを人は無意識にやってしまっており、意識して学ぶことは少ないと思います。そのため、人から学んだり、自身で学び直すことは難しいのではないでしょうか。そこで、本書ではこのプロセスをできる限り細かく分解し、再認識できるように心がけました。そうした細分化の中で、各種用語や考え方を把握し、扱えるようになることができるよう意識して執筆しています。

ここでいうデータ分析は、個人の判断のために集計した数値やグラフを見ることと、それを人に伝え、動かす材料にするものを意味しています。すなわち、本章を終了すると、データに基づき、ビジネスで重要なことを話せるようになるはずです。具体的には、本章を学ぶと以下のような業務ができるようになるはずです。

本章を学ぶことでできるようになる業務

1. 個人がデータを操作することで情報を引き出し、共有する
2. 複数人でデータを共有し、情報を引き出し、共有する

業務と本章の内容を対応させるとすると次のようになります。この流れと利用用途を意識しながら、ご自身の現場で使うとしたらどうなるか、を想像しながら本章を読んでいただくとより理解が進みやすいかと思われます。

業務と本章対応

業務	本章の該当節
個人がデータを操作することで情報を引き出し、共有する	1-2.データの読み込みと集約 1-3.集計、グラフによる可視化 1-4.関係性の分析 1-5.結果を共有するためのデザイン
複数人でデータを共有し、情報を引き出し、共有する	1-6.結果の展開、共有 1-7.ダッシュボードのインタラクティブ機能

Data Portalの準備

さて、それでは、次のページから詳細な内容が始まります。

ハンズオンでは、PCを用意し、実際に手を動かしながら、本書を読み進めてください。

その前に必要な準備を進めましょう。

ハンズオン

各節ではハンズオンと呼ばれる実際に操作をして学ぶ項を用意しています。

ここでは、今後の節の前提となる準備を進めておきます。

1. Data Portalへのログイン
2. 使用するデータの準備

1.Data Portalへのログイン

まず、Data Portalへログインします。

インターネットブラウザで「グーグルデータポータル」と検索し、表示されたData Portalのwebページにアクセスし、「無料で始める」をクリックします。

Google Data Portal サイト

https://marketingplatform.google.com/intl/ja/about/data-studio/

Googleアカウントでログインしている場合、Data Portalの画面が表示されます。ログインしていない場合は、Googleアカウントのログイン画面が表示されます。アカウントを持っている場合はログインします。アカウントを持っていない場合はアカウントを作成し、ログインしてください。

◆ 2.使用するデータの準備

本書のサポートページにアクセスし、データをダウンロードしてください。

対象のデータはxlsx形式という、Microsoft Excelのファイルとなっています。

本書のサポートページ

https://www.shuwasystem.co.jp/book/9784798065410.html

これをData Portalから使えるようにするためにGoogle Driveにアップロードします。

Googleドライブ サイト

https://www.google.com/intl/ja_jp/drive/

Google Drive トップ

ドライブに移動をクリックし、メイン画面にアクセスします。

Google Drive フォルダ

ここに先ほどのエクセルファイルをドラッグアンドドロップします。

Google Drive フォルダ アップロード

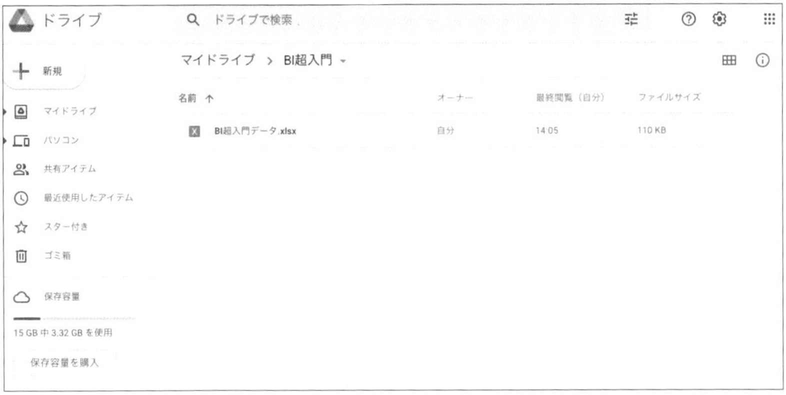

ドラッグアンドドロップしたファイルをクリックし、スプレッドシート画面を表示します。

ファイル>Googleスプレッドシートとして保存 をクリックします。

スプレッドシート変換

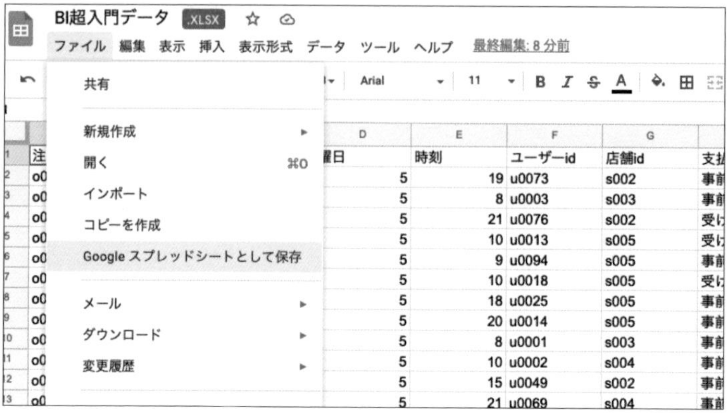

こうすると先ほどアップロードしたファイルとは別に、Googleスプレッドシート形式のものが保存されます。2章では直接シートのデータを更新する場合がありますが、このGoogleスプレッドシート形式で保存されたものを使ってください。

以上で本書を始める準備が整いました。

1▸2 データの読み込みと集約

この章の前半では、まず、分析者自身のためにデータ分析を行います。データ分析の一つの目的は記録したデータから情報を取り出すことです。ただし、慣れていない場合、多くの人は、こうしたデータを与えられても、何をすればいいかわからなくなってしまいます。この章の前半ではそうした場合のデータとの向き合い方を学んでいきます。ここではまず、BIツールに読み込むデータとして、表形式データについて学びます。続いて、これらのデータを取り扱う最初の手段として、集約について学びます。

なお、本章を通して作成するダッシュボードの完成図は下記のようになります。

完成版ダッシュボード

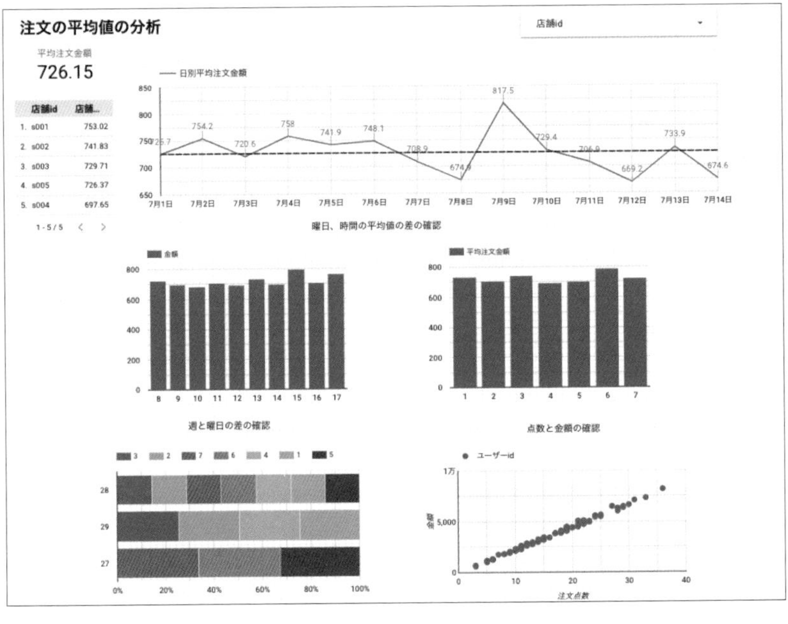

▶ データ分析の初めの一歩

最初にここで扱う内容について説明します。データ分析の初めの一歩として表形式のデータと集約について学んでいきます。

BIツールでは一般的に表形式のデータが用いられます。多くのBIツールや分析ソフトウェアは、**データがないと何もできません。そして、これらのツールはこうした表形式のデータを読み込むことを前提としています**。この形式は分析においてデータを扱いやすくしてくれるもので、皆がその形式を守ることで、データの受け渡しが簡単になり、データ分析がしやすくなります。逆に形式を守らないファイルなどのやりとりをすると、他の分析者の効率を下げたり、そもそもそうした現場で業務をすることは難しくなります。

集約は、数値を合計したり、平均などをとることです。こうした計算自体は日常でも行われているため理解はしやすいでしょう。データ分析においては、たくさんあるデータ（後ほど説明しますがレコードと呼びます）と向き合っていくことになります。そういった際に一つ一つ眺めると、木を見て森を見ずの状態になり、部分に引っ張られ、見落としなどが生じてしまいます。そこで、まずそのレコードを集めた全体の傾向を把握することが必要になります。集約は、各レコードから、全体を掴む数値を作るための作業と理解してください。

◆ 表形式のデータとは

データ分析では、表形式で保存されたデータを扱うことが一般的です。

ここでは表形式のデータの構成要素について学んでいきます。表形式のデータというのは、以下の図のような形です。

表形式のデータ

日付	時間	気温
7/1	10	27
7/1	15	28
7/2	10	25
7/2	15	26

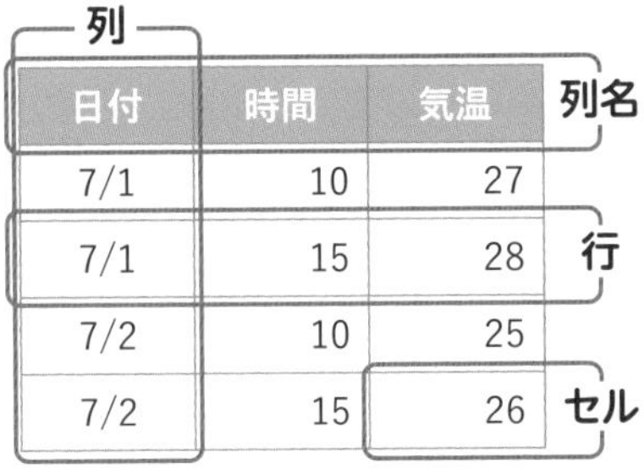

そして図に書かれている通り、行、列、セル、列名といった構成要素があります。

行というのは記録の一つの単位を指します。**行**のことを**レコード**とも呼びます。例えば気温を測る場合は、測定するごとにこの行が増えていきます。

行の中に記録する対象がいくつかあります。この単位を**セル**と呼びます。

セルを縦方向に見たのが列です。**列**は**カラム**と呼ぶこともあります。この列の中には、同じような属性の情報が記録されるようになっています。すなわち、気温という情報が記録されている列には気温以外の情報が入らないようにします。こうした「気温」のようにどんな列かを、表しているものを**列名**や**ヘッダー**と呼びます。

◆ 集約とは

冒頭でも述べた通り、分析の最初の一歩として、まず全体を掴むことが重要になります。そうした時に集約を用いて、全体感を掴みやすくします。データを見るときにはレコードを一つ一つ眺めることで、頭の中で、意味を作り出す方法もあります。しかし、人間の頭の中に入れておける情報は少なく、部分に引っ張られてしまい、誤った理解をしてしまったり、そもそも数が増えた場合対処できません。集約を用いることでそれを避けることができます。

集約として代表的なものは、数え上げと合計です。**数え上げ**はその集団の個数を表し、**合計**は数値の情報を全レコードを足し上げることです。この2つは、用意されたデータの「全て」を把握したい際に用います。

他に、**平均値**のような集団の代表を掴む集約もあります。集団の代表はいろいろな考えがありますが、真ん中あたりにあるものとか、よく出てくるものだと納得できるはずです。こうした場合よく使われるのが平均です。**平均**はその値を合計し、データの個数で割ったものです。こうすると、全体の数値を均した値になります。

例えば、気温のデータの場合、気温の合計を見ても何もわかりません。それよりも、色々な温度の気温があるけれども、この集団で一番代表となる気温がわかると、集団の特徴が掴めたように感じます。実際、天気予報では「4月の平均気温は〜」などと説明され、4月の中でもいろいろあったけれど、代表としてはこんな感じでしたよ、と説明されます。

なお、代表を表すものとして、他に中央値や最頻値なども存在します。平均が常に真ん中や一番多い値と同じになるかというとそうではありません。そうならない場合は、実際に真ん中の値である「**中央値**」や実際に一番多く出てくる「**最頻値**」を用いる方が適切です。

ハンズオン

それでは実際にBIツールを学んでいきましょう。ここでは、データの読み込みと集約を行なっていきます。

本章で扱うデータは「テイクアウトアプリ_注文シート」になります。

このシートにはテイクアウトアプリで注文された記録が蓄えられています。データの期間は2021年7月1日から2021年7月14日のデータとなっています。

カラムの内容は下記のものとなります。

利用するデータのカラム情報

カラム名	説明
注文ID	注文を特定するID
週	注文された週
注文日	注文された日付
曜日	注文された曜日
時刻	注文された時刻
ユーザーid	注文したユーザーのID
店舗id	注文された店舗のID
支払いタイプ	支払い手段
クーポンID	注文した時に使用したクーポンのID
注文点数	注文された商品数
金額	注文された商品の総額
事前決済フラグ	事前決済したかのフラグ

ハンズオン内容

1. データの読み込み
2. 集約の作成

1. データの読み込み

まず、データを可視化し配置していく空のダッシュボードを作成します。Data Portalにアクセスし、作成>レポートとクリックします。

ダッシュボードの作成

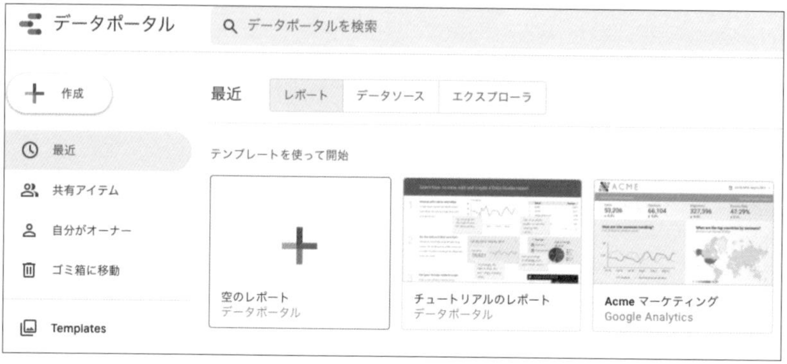

続いて、実際にスプレッドシートを読み込んでいきます。データソースの選択画面が開くので、スプレッドシートを選択します。対象のファイルを選択すると、シート一覧が表示されるため、テイクアウトアプリ注文データシートを選択します。

データソースの選択

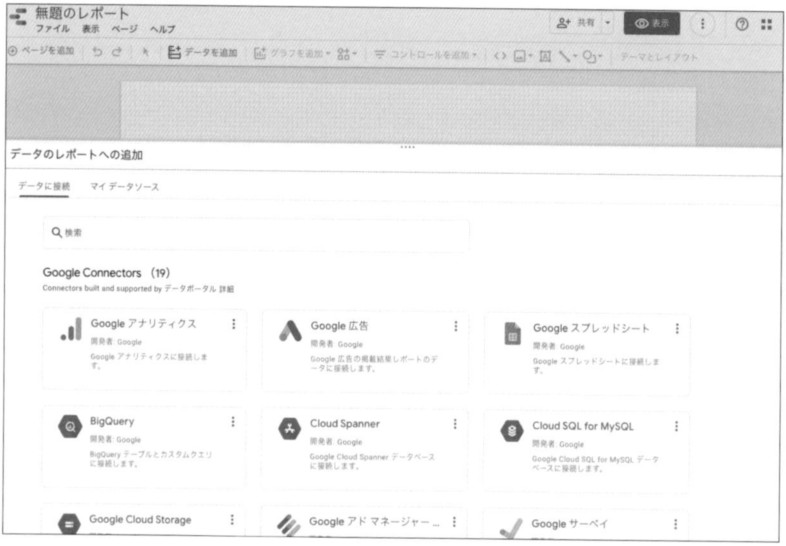

スプレッドシートの選択

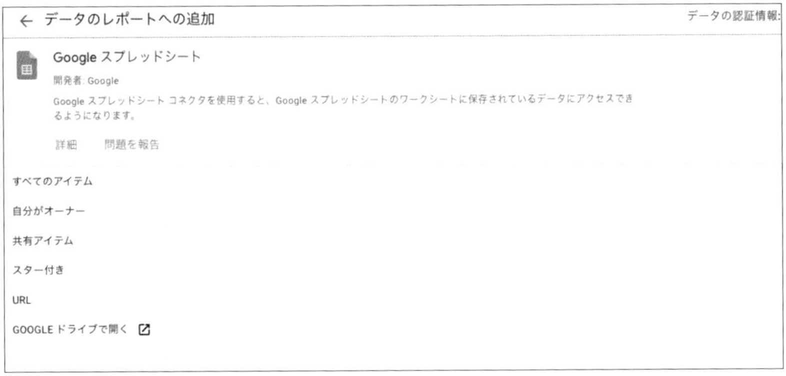

完了をクリックするとダッシュボードを構築するキャンバス画面に遷移します。最初に自動で表が挿入されています。

キャンバス画面

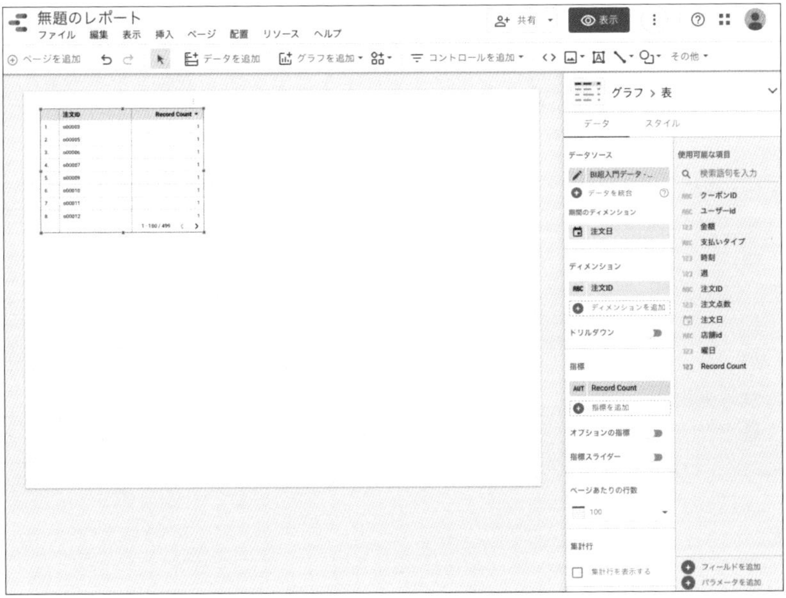

このキャンバス画面でグラフなどを作成し、ダッシュボードを設定し

ていきます。画面の上にはグラフなどを追加するためのボタンがあるツールバーがあります。グラフなどを選択すると右側に設定を行う領域が現れます。

◆ 2. 集約の作成

上記のようにデータを読み込むと、ダッシュボード作成画面に自然に表が表示されました。これは読み込みのデータと似たような形です。ここから実際に集約して、全体をつかんでみます。

まずは数え上げを作成してみます。すでに表示されている表をクリックしてみます。するとグラフが選択状態になり、右側にグラフの情報が表示されます。

グラフ設定 表 集計前の設定

その中のディメンションと呼ばれるところに入っている注文IDの横の×印をクリックします。すると、ディメンションから取り除かれ、空にな

ります。指標をクリックすると、集計方法の選択ウィンドウが表示されます。集計方法を件数に変更します。

集計後の表

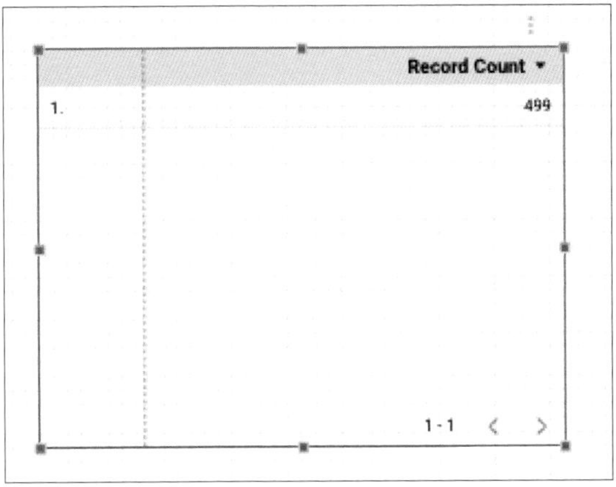

そうすると、たくさんあった行が1つになりました。ディメンションや指標という言葉に関しては次節で説明します。ひとまず、たくさんあったデータが1つに集約される体験をしていただけたかと思います。

さて、実際に集約は体験できましたが、表では1つの数値は見にくいのではないでしょうか。このような1つの数値を見る場合は、表などを使うより、**スコアカード**という可視化手段が適しています。続いて、スコアカードで平均も表示してみましょう。

ツールバーから「グラフを追加」をクリックします。グラフの中からスコアカードを選択します。追加されたグラフをクリックし、グラフ設定を右側に表示します。使用可能な項目から対象をドラッグアンドドロップし、指標を金額と設定します。

グラフの選択 スコアカード

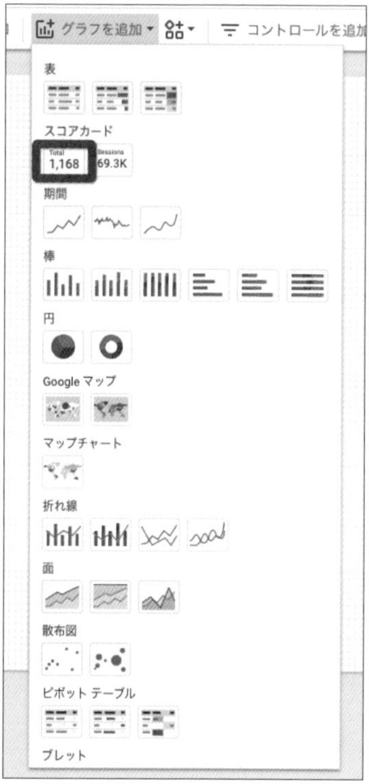

スコアカード 追加時

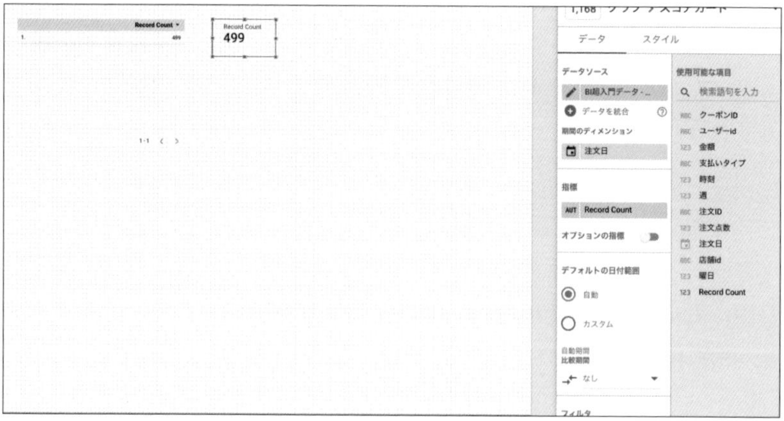

指標をクリックし、集計方法に平均を選択します。スコアカードに件数の平均が表示されました。

スコアカード設定 指標

ダッシュボード 最初の作成

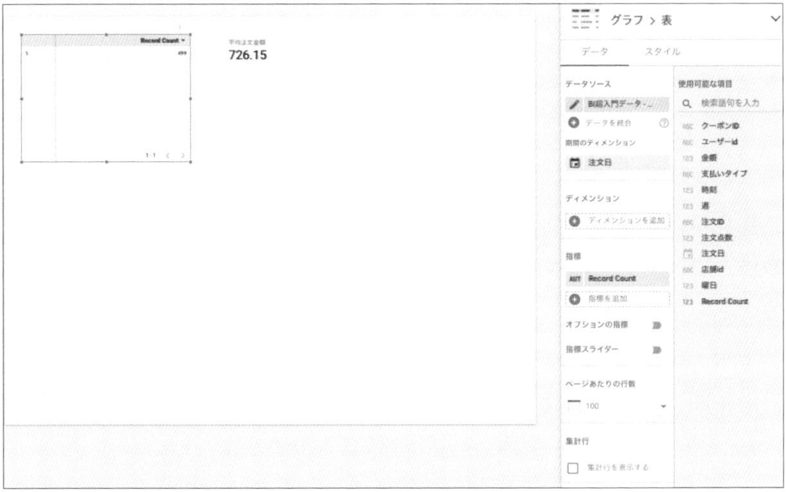

以上のようにBIツールを使うと、簡単に集約と表示を行うことができました。次節以降は同じデータに対して、集計や可視化を行い、データを分析していきます。

ステップアップ

ここでは最も基本的な部分として、BIツールで扱うデータ形式と集約について学びました。ステップアップでは本文で説明しきれなかったが知っておいたほうがよい情報を補足していきます。

ここでは、データの形式と関係する「データの型」と、その他の集約手段について紹介していきます。

◆データの型に関して

普段スプレッドシートを使っているとあまり意識されませんが、BIツールを使う場合、各列の中の値がどんな「データ型」か、というのを意識しなくてはいけません。

なぜなら集約をする際に、「データ型」によっては選べない集約方法があるためです。例えば、平均を計算したくても、ツールがその列を「文字列」と認識している場合は、平均を選べなくなります。

データ型というのは、その列に入っているもの全てが、数値であるというようなことをツールが認識するための情報です。人間にとっては数値に見えていても、ツールから見ると単位がセルに含まれているため「文字」であるという風に認識されることもあります。

さらに、列は全て同じ「データ型」であるというのも重要な前提です。数値と思っていた列に1つでも漢数字のセルがあると、それは文字になってしまいます。

また、これらの型はツールによっても異なるため、新しいツールや、ツール間でデータの受け渡しをする場合は注意が必要です。例えばData Portalで定義されている型は下記のようになります。

Data Portalで用意されているデータ型

・数値

・日付

・文字

これらは、読み込まれた際に自動で判定されるほか、読み込み画面で直接変えることが可能です。ただし、前出のように漢数字が入っていて文字になっているが、数値として扱いたい場合は、**そうした文字を取り除く加工などを自身で行う必要があるので注意が必要です**。

◆ 集約の方法について

ここでは、いくつかの集約方法を説明しました。集約手段はデータ分析全体では共通です。しかし、BIツールでデフォルトで選べる集約手段はツールによって異なることがあります。

Data Portalで使える集約手段は、本書執筆時点では以下のようなものがあります。

Data Portalで選択できる集約方法

集計方法	概要	対象データ型
合計	数値の総和	数値
平均値	合計を件数で割ったもの	数値
件数	レコード数	全て
個別件数	ユニークなレコード数	全て
最小値	最も小さい値	数値、日付
最大値	最も大きい値	数値、日付
中央値	並べ替えた場合の真ん中の値	数値、日付
標準偏差	ばらつき（母集団標準偏差:各値と平均の差の二乗の総和を件数から1を引いたもので割ったもののルート）	数値
差異※	ばらつき（標本集団の分散:各値と平均の差の二乗の総和を件数で割ったもの）	数値

※差異は分散(Variance)の誤訳と思われる

なお、BIツールでは計算方法を知らなくても、簡単に計算できますが、どう計算されるのかを知らなければ、どのような結果になるのか想像が難しくなります。また、計算方法がわからないと、変なデータが入って結果がおかしくなった場合に原因の調査が難しくなります。データ分析を学び始めたばかりの場合は、まずは集約手段を覚えたり、理解することに時間をかけてください。

memo

細かい計算の仕方や、使えるパターンを網羅するのは本書のレベルを超えてしまうので省略させていただきます。ここにある計算方法や注意点は、たいていの統計やデータ分析の教科書で取り扱われていますので、そちらを参照してください。例えば、入門書としては「統計学がわかる(ファーストブック)」などが本書の対象読者の方が参考にするのにはおすすめです。体系的に学びたい場合は「統計学入門(東京大学出版会)」といった統計の教科書となる本などを参考にしてみてください。

1▶3 集計、グラフによる可視化

前節では、記録されたデータの確認と、全体把握のための集約を行いました。ここからはより分析のイメージに近い、**集計と可視化**を学んでいきます。これらによって様々な形でデータを眺められるようになります。ここでは、これらがどのようなものかを学び、実際に試します。そして、可視化による分析をうまくやる方法や必要知識を学びます。

▶ 集計や可視化とは何か

まず、集計と可視化がどのようなものか、学んで行くこととします。

集計と可視化

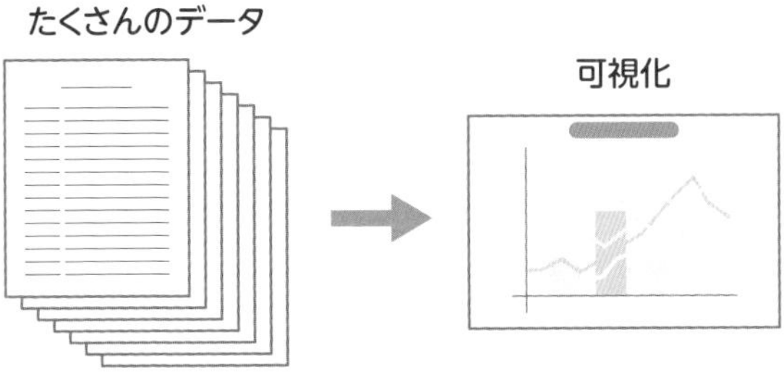

月で集計

1月1日	100
1月2日	80
1月3日	75
1月4日	60
12月31日	50

→

1月	2400
2月	2200
12月	2500

集計は、全体をグループ（群）に分けて、グループごとに対象を集約することです。例えば「月別売り上げ」と言う場合は、グループが「月」で、対象が「売り上げ」、集約手段は「合計」になります。年別売り上げの場合は、グループが「年」になり、グループの単位が月よりも広くなります。集計で重要なのは、グループの分け方と集約手段、集約対象がしっかりと明らかになっていることです。

月別売り上げのように、呼び名に集計の中身が表われていることがあります。先ほどの月別売り上げや、年間平均気温などはニュースでも聞いたことがあるはずです。集計という言葉を聞いたことは始めてかもしれませんが、集計自体は私たちにとって身近なものです。

集計を行う理由は2つあります。**適切な単位での数値を手に入れることと、グループで比較すること**です。

1つ目は、**分析の目的にあった大きさの数値を手に入れるため**です。分析をする上で、目的にあったグループ単位のデータを見る必要があります。また、分析する人が理解しやすい単位でないと、その数値の意味がそもそも読み取れません。ただし、こうした単位のデータが手に入らないことがあります。そこで、できる限り細かい単位でデータを計測しておき、これを集計することで必要な大きさの数値を手に入れることができるのです。

2つ目は、**グループの間で数値を比較するため**です。分けたグループ間を比較することで、全体の傾向や大事な部分（グループ）を知ることができるようになります。部分の違いを見つけることができれば、それごとに行動を変えることができるようになります。行動する時間などのリソースは有限ですから、優先度づけができるのはありがたいことです。比較をすることでこうした情報を得ることができます。

集計を行う理由

- 分析の目的にあった大きさの数値を手に入れるため
- グループの間で数値を比較するため

具体的な例として、家計簿をつける場合を考えます。この時に知りたいのは、どんなカテゴリの出費が多いのか、という情報だとします。レシートの金額のままでは、この情報を得ることができません。そこで、レシートをカテゴリに分けて、その合計金額を出すと、カテゴリごとの金額を知ることができます。これで出費の多いカテゴリがわかり、どのカテゴリから対策するのかを考えることができます。

なお、一般的に集計と集約と言う言葉は区別されていません。本書では、集計の**グループ**、**対象**、**手段**を理解するためにあえて分けて説明してきました。集計の要素を理解していただけたと思いますので、ここからはData Portalの表示に合わせ、全て**集計**という言葉を使うことにします。

続いて、可視化について説明します。

可視化とは、データをグラフで表現することです。グラフというのは、新聞やテレビのニュースなどでみなさんも見たことがある「棒グラフ」や「円グラフ」のことです。こうしたグラフはデータを集計し、その結果を用いて作成されています。

グラフを使うメリットは、たくさんのデータや集約した結果を1つにまとめられることと、感覚的に理解できるようになることです。

グラフを使うメリット

- たくさんのデータや集約した結果を1つにまとめられる
- 感覚的に理解できるようになる

1つにまとめた場合、2つの良いことがあります。1つ目は、**全体を一目で把握できること**です。2つ目は、**データを載せる面積を圧縮できること**です。どれも、データを理解する速度を素早くすることに貢献します。

たくさんのレコードが入った表を一目で見ることは難しいものです。この場合、人間は一つ一つのセルの数値を見て、頭の中で段階的に比べて理解する必要があります。**この作業は認知能力に負荷をかけ、思考を妨げ**

たり、見落としを発生させやすくします。対して、グラフにすることで一枚の絵のようになり、負荷を減らして理解を進めることができます。

面積あたりに表示できる量が増えると言うのは、共有の際に非常に重要です。共有される情報量は増えると、一つ一つにかけられる時間は減ってきています。そこでグラフにすることで面積を減らすことで、最初のとっかかりで提供できる量を増やす必要があります。

最後に、情報の特徴を直感的に捉えやすくなるというメリットもあります。例えば、棒グラフでは、数値が高さで表現されます。数値の大きい・小さいや、どれくらい差があるのか、というのは慣れていないと理解しにくいものです。しかし、「高いか低いか」というのは小学生でも感覚的に理解できるくらい、直感的なものになります。ビジネスの現場では、たくさんの情報を処理する必要があるため、そうした、**情報あたりの理解の速度を高める、というのも可視化が積極的に用いられる理由**でもあります。

ハンズオン

前項の通り、記録したデータから、より情報を取り出し、活用するために、集計や可視化といった作業が行われます。ここではBIツールでどのように操作をすれば集計や可視化ができるのか、試していきましょう。今回は集計結果をそのまま表示する集計表と、折れ線グラフを作っていきます。集計、可視化作業はBIツールの作業の中でも最も行われる作業となります。そのため、操作はとても簡単で、画面で必要なものを選んでいけば作ることができます。

ハンズオンの内容

1. 集計表を作成する
2. 折れ線グラフを作成する

◆ 1.集計表を作成する

集計表とは、言葉の通り、集計単位をレコードの単位とし、横に集約した結果を表示する表です。作成ステップは以下のような形になっています。

前回作成した集約が掲載された表を加工します。

まずはグラフを選択します。前項で作った表をクリックしてください。右側に設定情報が表示されます。

グラフ変更 表の選択

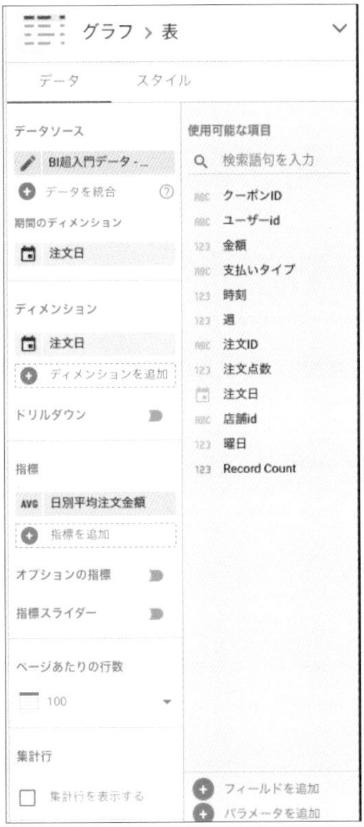

使用可能な項目の中にある注文日を、ディメンションという部分にドラッグアンドドロップします。指標はそのままにしておいてください。

キャンバス上の表示が変わり、日付が行になった表が表示されます。

このディメンションは、集計のグループに使われるデータを表しています。ディメンションに使われている列の中身が同じレコードは同じグループに分けられます。指標に設定されたデータが集計対象となり、指標で設定した集計手段で集計されます。

2. 折れ線グラフを作成する

ここでは、先ほどの集計表を折れ線グラフに変更していきます。手順自体は表示を変更するだけで終わります。前項の集計表が選択された状態から開始されるので、選択されていない場合は選択しておいてください。

まず、グラフ変更画面を表示します。

右側の グラフ>表 をクリックすることで、グラフ変更画面が表示されます。

グラフの変更 ヘッダー

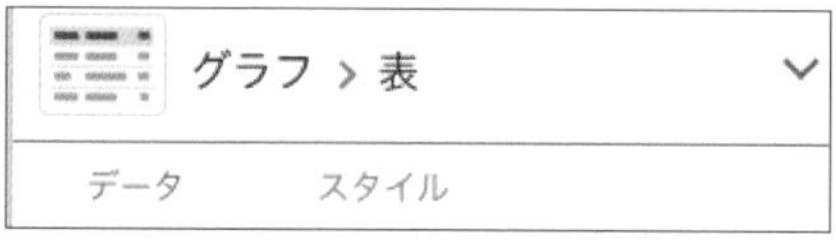

表示されたグラフ変更画面で、折れ線グラフを選択します。

グラフ変更 選択 折れ線

使用可能な項目から金額を指標にドラッグアンドドロップします。指標にあるRecord Countを削除します。指標の金額の横部分をクリックし、集計手段を平均に設定します。

グラフ設定 折れ線グラフ 指標の設定

少し折れ線グラフのスタイルを変更します。右側の設定部分のスタイルをクリックし、スタイル設定を開きます。

以下のように設定します。

グラフ設定 折れ線グラフ スタイル

スタイル内の基準線も編集します。基準線の横の「+」ボタンをクリックし、以下のように設定します。

グラフ設定 折れ線グラフ スタイル 基準線

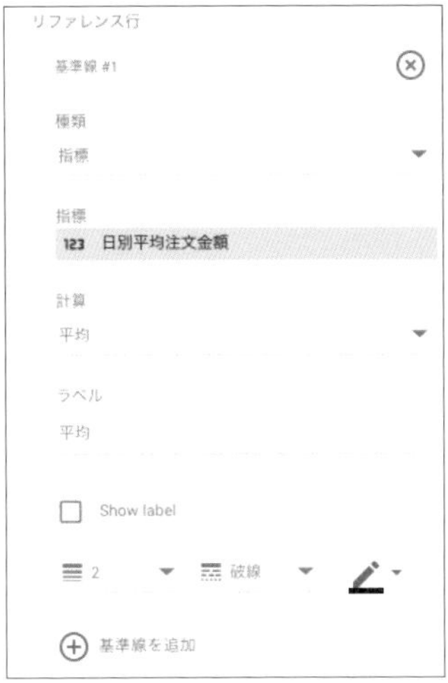

以上で、折れ線グラフを表示することができました。

グラフ 折れ線グラフ

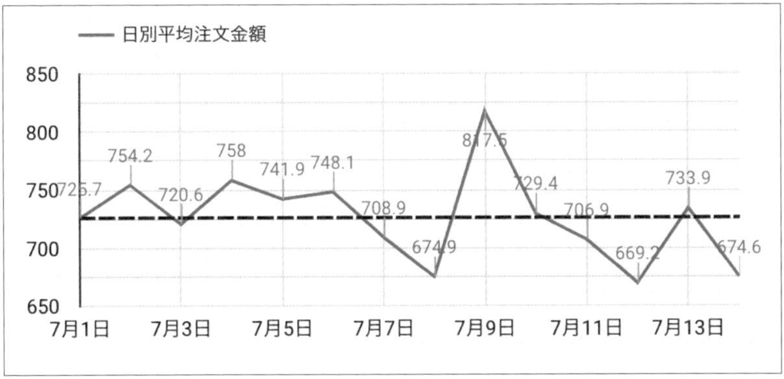

ステップアップ

集計と可視化に関係する補助的な知識にここでは触れていきたいと思います。ここでは2つのテーマを取り扱います。1つ目は、冒頭にも触れた分析の目的に沿った形で上手に分析を行うための注意点です。2つ目は、BIツールにおいて、集計周りでよく出てくるキーワードに関してです。

◆ 分析を上手くすすめる方法

集計や可視化はコンピュータのおかげでとても簡単になりました。しかし、簡単になったが故に意味のない分析も行われがちです。データとBIツールが用意されると、簡単にグラフが作れるようになります。作業時間は短縮できるかもしれません。しかし、やっても意味のないグラフ化は落書きとそう変わらないでしょう。

無駄な分析を避けるためには、目的を明確にし、適切な手段を選ぶ必要があります。ここでは目的を明確にするためのコツとして「質問するということ」を説明します。加えて、適切な手段を選ぶ方法の一つとして「グラフを適切に選ぶ」ことに言及します。

まず、「質問すると言うこと」に関してです。

知りたいことを明確にすることが重要です。これが明確でないと、集計作業に必要なグループ、集計対象、集計手段が明らかになりません。この状態で無理に分析をしても、それをなんのためにやったのか、そこから何を取り出せば良いのかわからなくなってしまいます。そこでまずは目的を明確化するのです。明確にするには、質問という形で言語化しておくのがおすすめです。具体的な質問例は、「全体の金額はわかったけど、週ごとや月ぐらいはどれくらいだろう？」といった「どんな感じなんだろう？」程度の認識で大丈夫です。

何かを知ると、新しい疑問が湧いてきます。集計と可視化をすることで理解ができると、新たな疑問が湧いてきます。ですから、最初に全ての質問を無理に洗い出そうとしないことです。それよりも分析が進む度に立ち止まり、適宜わかったことと新しい質問を整理していくことが重要です。

このように、分析は図のような循環的なステップになります。

デ―タビジュアライゼーションサイクル

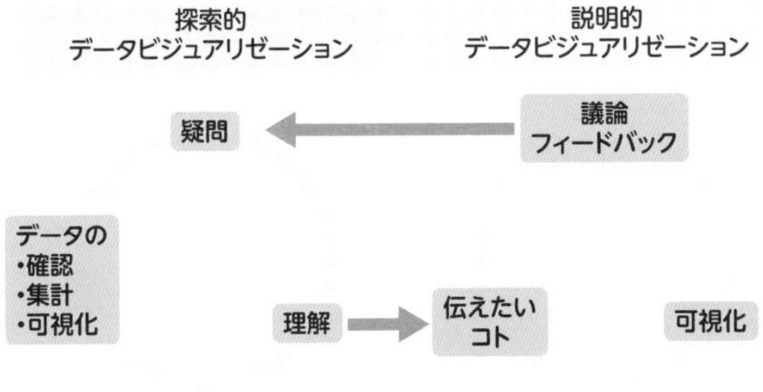

次に「グラフを適切に選ぶ」に関してです。

可視化はどんなものでも良いのか、というとそうではありません。質問に適切に答えてくれるグラフを選択することが重要です。グラフの選択を誤ると、強調される特徴が目的やデータに合わず理解しにくくなります。同じデータでも、グラフによって把握できる特徴が異なってくるので、グラフの長所を知っておくことが重要です。

BIツールによる作業の効率化だけでなく、「上手な」分析が重要です。そのためには、分析したいことと、それを上手く表現できるグラフの形を知っていることが重要です。初めのうちはたくさんのグラフの種類を覚えたり、作り方を覚えるよりも、よく使う質問とグラフの組み合わせを習熟する方が良いと思われます。

ここでは比較的使いやすいグラフと質問のパターンを3つあげておきます。まずは、データに対し、これらの質問とグラフが使えないか、練習してみてください。

質問とグラフのパターン

・折れ線グラフ：時間ごとにどう数値は変わっているんだろう？
  - どの辺りをうろうろしているんだろう？
  - 上昇するトレンドはどれくらい続いているんだろう？　そのトレンドはいつ変わったんだろう？
  - 季節ごとに似た動きになっているんじゃないか？
・棒グラフと平均線：数値の大きさはどれくらい違うんだろう？
  - 平均から離れているのは？
・円グラフ、帯グラフ：内訳で大きいものはどれだろう？

質問とグラフパターン

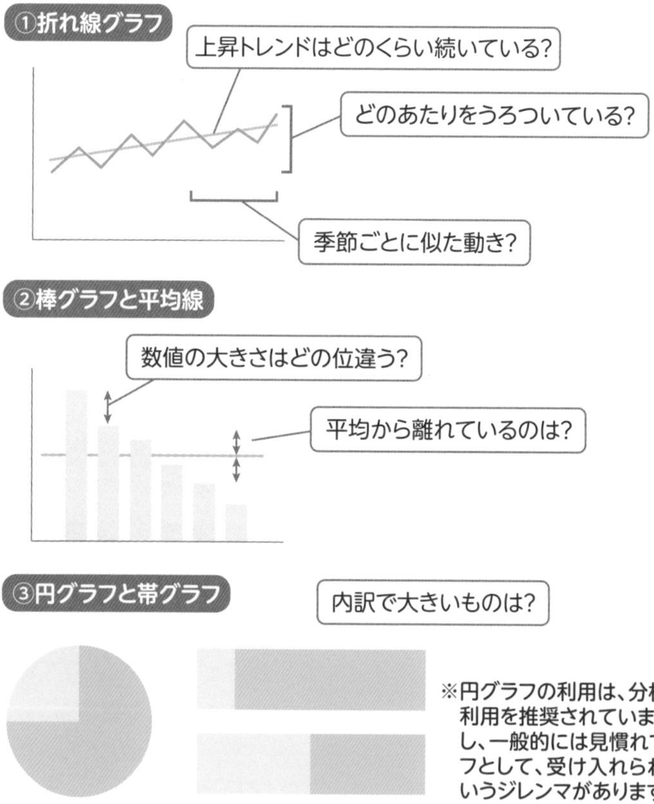
①折れ線グラフ
上昇トレンドはどのくらい続いている?
どのあたりをうろついている?
季節ごとに似た動き?
②棒グラフと平均線
数値の大きさはどの位違う?
平均から離れているのは?
③円グラフと帯グラフ
内訳で大きいものは?

※円グラフの利用は、分析者からは利用を推奨されていません。しかし、一般的には見慣れているグラフとして、受け入れられやすいというジレンマがあります。

memo

質問し、可視化し分析していくということに関しては、「思考・論理・分析(産能大出版部)」が考える行為と組み合わせて論じており参考になります。このプロセスそのものを学びたい場合は「デザイニング・データビジュアライゼーション(オライリー)」を参考にしてください。もう少し具体的なケースを扱ったものとしては「Head Firstデータ分析(オライリー)」を参考にしてください。これらの書籍からは、たくさんのグラフを扱えるようにすることよりも、適切な質問とグラフの選択について学ぶことができます。

◆ 集計に関する用語に関して

ここでは、BIツールを使う際によく出てくる集計に関する用語を説明します。おそらく現場に入って最初に困るのはこうした用語のやりとりについていけないことかと思います。ツールのドキュメントなどにも当たり前に出てきますので知っておくと便利かと思います。ツールや現場によって微妙に意味や用語にブレがあるため、それを意識して説明していきます。

まずは**ディメンション**です。これは集計するグループとなるデータのことでした。これは状況に応じて色々な呼び方があります。ツールによってはこれを**アトリビュート**と呼びます。日常的には**集計軸**や、単に「**軸**」ともよびます。

集計した数値は**指標（メジャー）**と呼びばれます。これもツールによってはメ**トリクス**と呼ぶことがあります。

メジャーの複雑な点として、集計対象と集計手段とその結果を同時に指していることがあります。つまり、「メジャーは何か？」と質問された場合、「売り上げ（対象）の合計（手段）を計算した結果です」と言った回答が求められていることになります。

また、メジャーも「軸」と呼ばれることがあります。これはグラフにした場合、縦と横をy軸とx軸と呼ぶことがあるためです。グラフを指して「軸は何か？」と聞かれた場合、「yが売り上げの合計（メジャー）、xが日付（ディメンション）です」という会話がなされます。

そして、メジャーとディメンションをまとめて、キューブと呼ぶことがあります。この呼び方はやや古典的なものかもしれません。キューブは、1つのメジャーをディメンションで分解し、分析していくことを表現しています。この分解のイメージは、色々な切り口で指標を見られるという、BIツールによる分析をよく表しています。このようにBIツールの分析と要素をまとめて説明できるため、BIツールの説明の際にキューブという言葉がよく出てきていました。

キューブ

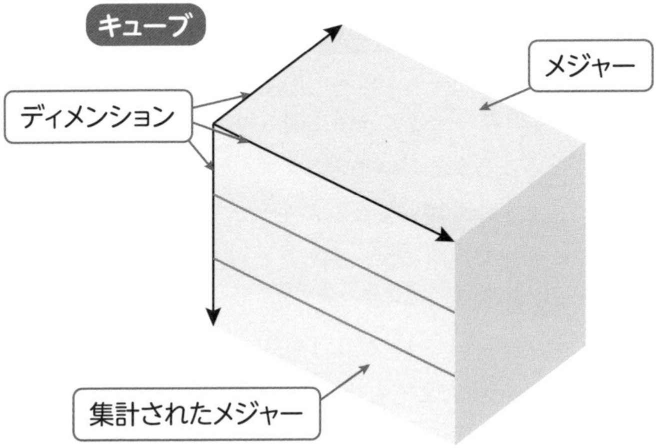

以上、簡単に言葉に触れていきました。特に、ここで扱ったメジャーとディメンションはBIツールのあらゆるタイミングで使われます。例えば、BIツールを作る場合、まずメジャーとディメンションを洗い出すプロセスから入ります。そして、可視化後も「メジャーは何を使った？」などというように使われます。ぜひ覚えて会話についていけるようにしてください。

memo

こうしたメジャーやディメンションの検討、設計プロセスに関しては「BIシステム構築実践入門(翔泳社)」を参考にしてください。また、可視化などのプロセスや、メジャーやディメンションについて広く学びたい場合は、「データドリブンの極意(技術評論社)」が参考になることかと思います。

1-4 関係性の分析

前節では集計と可視化を使ってデータから特徴を取り出す方法を学びました。この節では、さらに一歩踏み込み「役に立つ情報」を取り出す方法を学びます。この節では役に立つ情報として、データから関係性を見出す分析を行います。まず、役に立つ情報は何かというものを確認し、それを取り出す分析としてクロス集計などを実施していきます。

役に立つ情報とは何か？

まず、「役に立つ情報」について検討していきます。前節では分析の目的や背景にあった形に集計や可視化を使って、データを加工していきました。これは一般的に「何が起きているのか？」や「どうなっているのか？」に答えていることになります。これよりも役に立つ情報というのは「なぜ起こっているのか？」に答える情報のことを指します。

「なぜ起こっているのか？」というのは、「原因と結果の関係性」です。つまり、「Aという状況においては、Bというものが起きる」と表現できる関係性や規則です。こうした関係性がわかると、Aの情報を使って、Bが起こることを予想できます。するとBを起こさないために、Aを変えるといった行動を起こせます。このように、実際に行動に起こせるという点で「役に立つ情報」なのです。

役に立つ情報の日常での活用例として、「食べすぎると太る」が当てはまります。私たちは、この規則を知っているので、太らないために食べすぎないという行動をとります。例えば、ダイエット中であったり、最近食べすぎていたら、食べる量を減らすという行動をとる、というようにです。このように、日々の生活の中でこうした関係性や規則を学び、予想して行動を変えています。

データを用いることで、こうした規則を抽出し、活用していくことができるようになります。経験から規則を抽出する場合は、個人が同じ経験をすることが必要です。しかし、一人一人が一度しか経験していないことでも、それをデータ分析することで、規則を見つけることが可能になります。

この取り出し方はどうやるのでしょうか。データを用いて実施可能な、シンプルな方法は以下の2つです。

1. 比較を行い、結果の差が大きくなる分解軸を見つける
2. 数値の変化が連動しているものを見つける

1つ目は、異なる属性をもつ群の間で結果の差がないかを探していく方法になります。「異なる属性が原因となり、結果に差がある」だから、「そこには関係があるはずだ」と考えるわけですね。これには後述の棒グラフやクロス集計などがよく用いられます。

2つ目は、片方の数値が動いた場合、もう片方の数値も連動して大きく、または小さくなるという関係性を見つける方法になります。こちらは散布図がよく用いられます。

▶ハンズオン

ここからは実際にグラフを使って分析していきましょう。関係性を見つける場合、特に重要なのは「グラフにする」だけではなくそれをきちんと見て、関係性を探すことです。そこに注意して進めていってください。前出の比較を行う方法として棒グラフとクロス集計を、連動の関係を見つける方法として散布図を作っていきます。

ここでは以下のようにグラフを設定していきます。

グラフの種類	指標	ディメンション	フィルター設定
棒グラフ	金額（平均）	時刻	なし
棒グラフ	金額（平均）	曜日	なし
ピボットテーブル	Record Count	週、曜日	なし
帯グラフ	Record Count	週、曜日	なし
散布図	注文点数、金額	ユーザーid	なし

◆ 棒グラフで差を見つける

まずはグループの差があることから、関係性を見つけるために棒グラフを作成して、その関係性を探していきます。基本的な手順は下記の通りで、前節のグラフの作成と同様に行います。

差を見つけるための棒グラフの作成手順

1. グラフを追加し、比較可能な棒グラフを作成
2. 他のディメンションでも同様にグラフを作成
3. グラフを眺め、差があるか確認

1. グラフを追加し、比較可能な棒グラフを作成

まず、1つ目の棒グラフを作成していきます。

初めに棒グラフの挿入を行います。ツールバーから「グラフを追加」をクリックします。グラフの中から棒グラフを選択します。追加されたグラフをクリックし、グラフ設定を右側に表示します。使用可能な項目から対象をドラッグアンドドロップし、ディメンションを時刻、指標を金額と設定します。

グラフの選択 棒グラフ

指標とディメンションを下記の図のように設定します。不要な指標とディメンションがある場合は、×ボタンを押して削除してください。最後に指標の金額をクリックし、集計方法を平均に設定します。

グラフ設定 棒グラフ

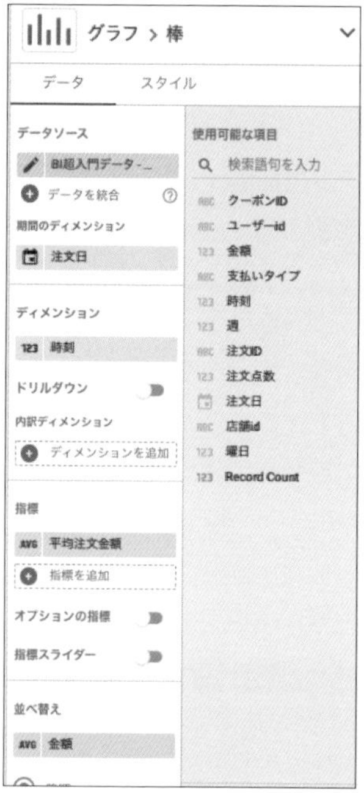

2.他のディメンションでも同様にグラフを作成

別のディメンションでも棒グラフを作成していきます。

ツールバーから「グラフを追加」をクリックします。グラフの中から棒グラフを選択します。追加されたグラフをクリックし、グラフ設定を右側に表示します。使用可能な項目から対象をドラッグアンドドロップし、ディメンションを「曜日」、指標を「金額」と設定します。

上記のように、今まで同様に、グラフの追加から順に設定していっても良いですが、複製して作ることも可能です。その場合、1つ前で作った棒グラフを選択します。右クリックをし、複製を選択すると棒グラフが複製されます。これをドラッグし、重ならない様に配置してください。その後、上記と同様にデータを設定します。

グラフの右クリック 複製

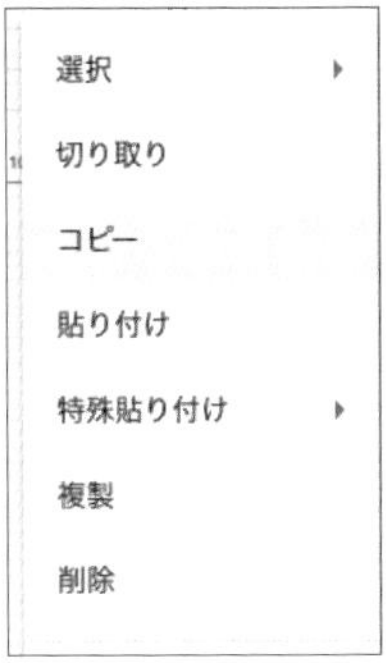

3. グラフを眺め、差があるか確認

今回の目的はグラフを作ることではなく、関係性を見つけることでした。

まず、時刻はどうでしょうか。

一般的に飲食店は、ランチタイム、カフェタイム、ディナータイムなど、時間ごとに特徴があります。どこか大きく下がっていたり、時間の進みについてトレンドがあることが期待できます。

しかし、今回のデータからはそのような傾向はみられず、ほとんど差がないように見えます。

曜日に関しても見てみます。

曜日ごとの売り上げはオフィス街にあるか、住宅街にあるかで大きく影響を受けます。そのため、平日が高かったり、休日が高かったりといった差が生まれます。しかし、このデータからはそのような傾向はみられません。

今回は一般的な飲食店に発生する規則はこのアプリでは成立しないようです。仮説が検証されなかったことは残念です。しかし、逆にいうと一般的な飲食店の運営のノウハウとは求められるものが違うことがわかりました。新しいノウハウを作らなければいけない、ということが、この分析で明らかになりました。

グラフ 分析結果

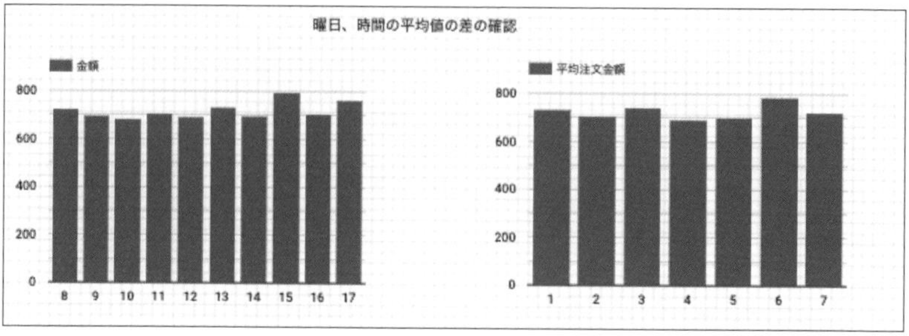

クロス集計と帯グラフで比率の差を見つける

続いて、構成比の関係性を見ていくことにします。前出の棒グラフは平均の比較を行うために棒グラフを使っていました。対して、属性ごとに構成比を比較したい場合はクロス集計や帯グラフを使うと見やすくなります。

クロス集計と帯グラフを作る手順

1. グラフを追加し、クロス集計を作成する
2. クロス集計を帯グラフに変更する
3. グラフを眺め、差があるか確認

1. グラフを追加し、クロス集計を作成する

まずはクロス集計をピボットテーブルで作成します。クロス集計は2つのディメンションで集計し、それぞれに該当するデータが何件あるかを計算することができます。

グラフの選択 クロス集計

グラフ設定 ピボットテーブル

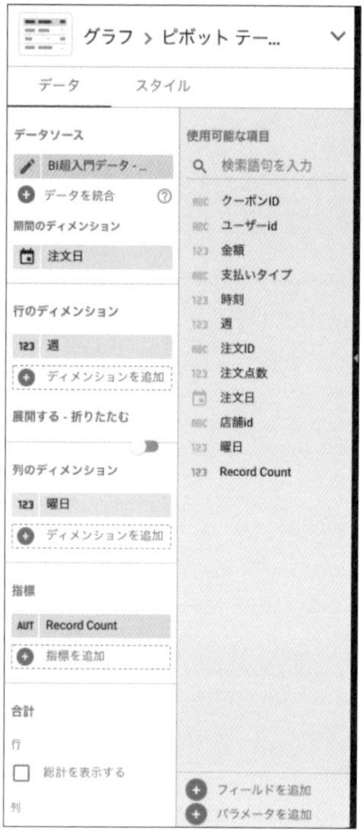

今までと同様にツールバーから「グラフを追加」をクリックします。グラフの中からピボットテーブルを選択します。追加されたグラフをクリックし、グラフ設定を右側に表示します。使用可能な項目から対象をドラッグアンドドロップし、行のディメンションを「週」、列のディメンションを「曜日」、指標を「Record Count」と設定します。ここが今までと異なっており、ディメンションに2つのカラムが選択されることが特徴です。

2. クロス集計を帯グラフに変更する

クロス集計をもう少し、直感的にわかる帯グラフの形に変換してみます。

グラフの変更 ヘッダー クロス集計

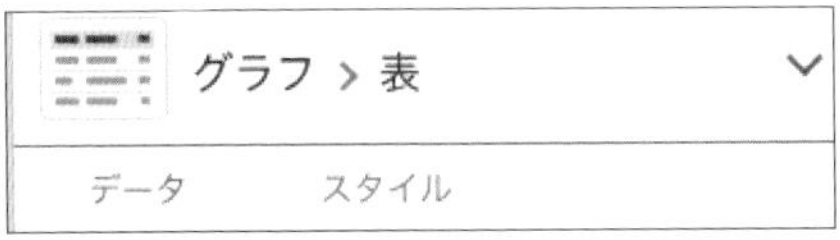

クロス集計を選択し、グラフを変更します。右の デザイン>グラフ とクリックし、グラフ選択画面から、下記の「棒グラフ」を選択します。メジャーとディメンションはそのままにしておいてください。

グラフの変更 選択 帯グラフ

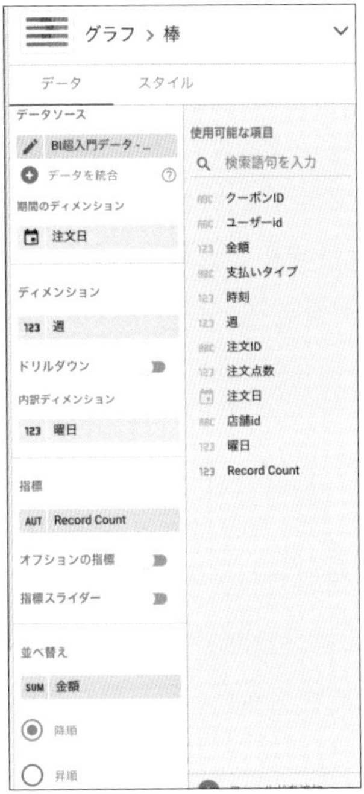

もし、ゼロから追加する場合は、ツールバーから「グラフを追加」をクリックします。グラフの中から帯グラフを選択します。追加されたグラフをクリックし、グラフ設定を右側に表示します。使用可能な項目から対象をドラッグアンドドロップし、ディメンションを「週」、内訳ディメンションを「曜日」、指標を「Record Count」と設定します。

3. グラフを眺め、差があるか確認

帯グラフは週ごとに曜日ごとの売り上げの大きさに差があるかを示しています。帯グラフはあるディメンションの中で、別のディメンションの構成比を表しています。対してピボットテーブルはディメンションを組み合わせた個数の表示なので、印象はだいぶ異なります。

ここで示しているのは、週の影響で曜日の売り上げに差があるか、関係があるかというものです。例えば、週が進むにつれて、ある曜日の比率が大きくなっていれば関係がありそうです。

しかし、今回の分析は適切ではありません。なぜなら、週で分けた時、元のデータの性質上、その曜日が存在してない場合があるためです。そのため、この状態で週を比較しても何も言うことはできません。

このように関係性をとらえたり、比較をする際には適切な対象となるようにしなくてはいけません。そのためにはデータが適切であるのか、比較対象の前提が揃っているのかに注意を払う必要があります。なお適切な比較がなされている状態をapple to appleと呼ぶことがあります。

グラフを作るだけではなく、適切な分析をすることを心がける必要があります。ここでの結論は「適切な比較が行われていないので、関係性の分析は行えない」になります。

◆ 散布図で関係性を見てみる

最後に連動の関係性がないかを散布図で確認していきます。散布図は集計した単位が点として表示され、その並び方から関係性を確認していきます。またグラフの軸が2つありますが、どちらも数値となるのが特色です。

散布図の作成手順

1. グラフを追加し、散布図を作成
2. グラフを眺め、差があるか確認

1.グラフを追加し、散布図を作成

グラフを作成していきます。追加の手順は今まで同じです。ツールバーから「グラフを追加」をクリックします。グラフの中から散布図を選択します。追加されたグラフをクリックし、グラフ設定を右側に表示します。使用可能な項目から対象をドラッグアンドドロップし、ディメンションをユーザーid、指標Xを注文点数、指標Yを金額と設定します。

グラフ選択 散布図

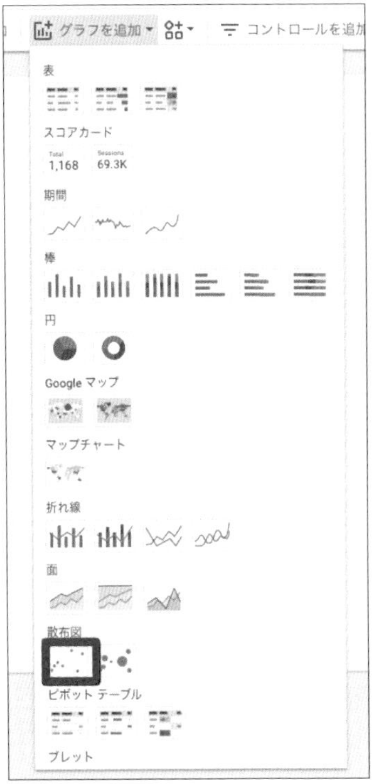

図のようにグラフを設定します。

グラフ設定 散布図

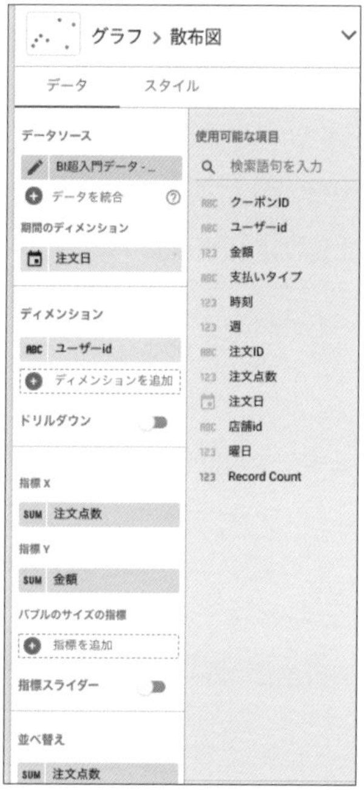

2.グラフを眺め、差があるか確認

散布図を眺め、**点の配置から、指標の間に関係性がないか考えます**。今回は、注文点数が増えたら金額があがるという関係性が強そうだ、という解釈になりそうです。

関係性を散布図から見る時、全体に関係があるか、関係性に方向がないか、関係のばらつきや外れているものはないか、といった目線で見ることが大事です。

まず、どんな関係性が全体でありそうか、ということです。片方が増えるともう片方も増える関係なのか、片方が増えるともう片方も下がるのかを検討してみます。

今回は、片方が上がるともう片方もあがるように見えます。見ている指標は注文点数と金額であり、両者が関係しているのはある意味当たり前かもしれません。

次に、関係性に方向性はありそうか、という考えです。「注文している数が増えると、金額も上がる」というのは一般的ですが、「金額が上がるということは注文している数が増えている」というのは一般的ではありません。このように関係性がどちらかを起点にしていそうなのか、それとも相互に関係していそうなのかを考えるようにします。

最後に、**関係性のばらつきと、大きく外れたものはないか**、という目線です。全体では上がりの関係性があっても、その関係性にばらつきがある場合、膨らんだ線のようになります。この場合は全体で関係があっても、他の要因でバラついている可能性があります。特に、少数だけこの関係から外れた位置にある場合、それを詳細に見ることで重要な発見につながることもあります。今回は一本の線のようなのでそれは考えなくても良さそうです。

グラフ 散布図

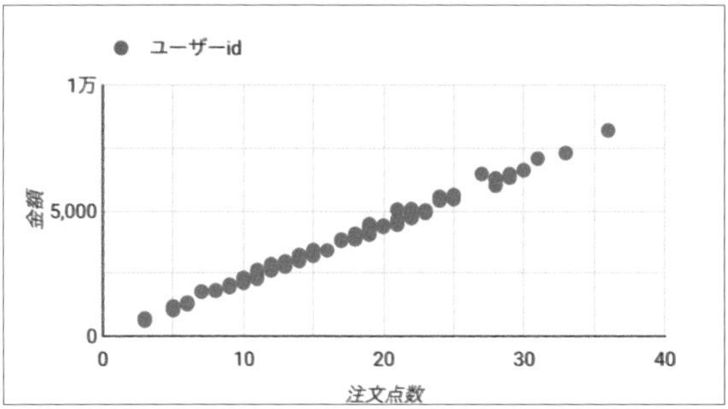

上記を通し、関係性を見出す分析のやり方がなんとなく分かったのではないでしょうか。ここまでで、情報を取得するための可視化の分析が終わり、ひとまずのダッシュボードが完成しました。

ダッシュボード ひとまず

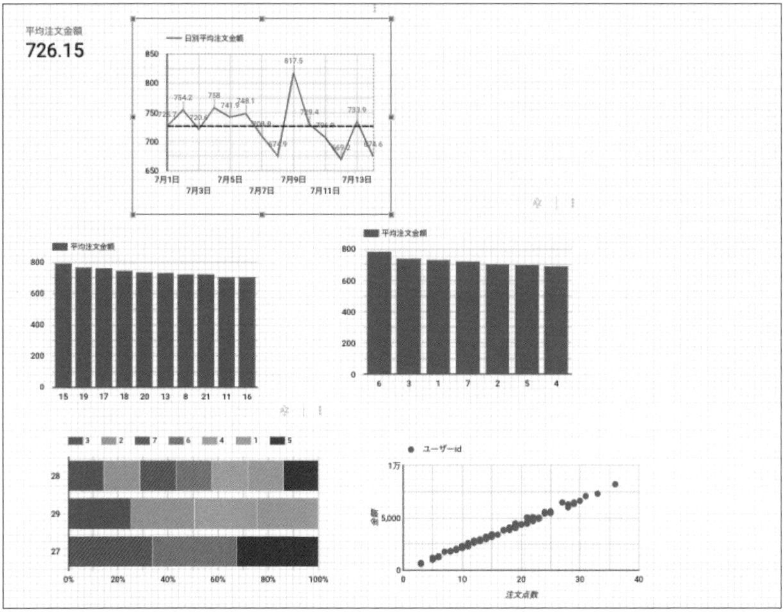

ステップアップ

規則を見つけてビジネスで役に立てる場合、いくつか注意が必要です。

まず、**差がある、関係があるというのをデータから断言するのは難しい**という点です。

差や関係を見つけようとしたのは、規則にして役立てるためでした。規則にするということは、今あるデータの動きが、まだ見たことがないことでも発生すると考えることになります。

この時、今あるデータでのみ「たまたま」発生しているとか、発生しているパターンだけが取り出されてしまっている可能性があります。こうした、たまたまを取り除きたい場合は統計学の「**ばらつき**」の考え方や、「**検定**」といった分析を取り入れていく必要があります。

次に、**関係の方向性を今あるデータからは断定するのは難しい**という点です。

散布図の分析で、方向性を考慮しました。これはデータからわかったことではなく、一般的な知識から考えています。こうした知識が使えない場合、方向性を考えるのは難しくなります。そうなると、どちらかを起点とした関係性の規則を証明するのは非常に難しいことになります。

差や関係がある、というのはこのようにデータだけでは解決できません。解決策としては、有識者などに、どのくらいなら差があるか等を相談し、組織で合意しておくなどをしておく必要があります。このようにデータ分析だけで決めきれず、分析対象の知識などから前提を作ることがあることも知っておいてください。

memo

これらの因果などに関する部分は、ビジネス的な目線では「思考・論理・分析(産能大出版部)」を参考にしてください。現実的なレベルで、相関と因果の切り分けなどが説明されています。

もう少しデータ分析の目線で手法などから学びたい場合は「学生のためのデータリテラシー(FOM出版)」を参考にしてください。

因果などに関して、より専門的な知識を目指す場合は因果推論という分野の学習が役に立ちます。難しい書籍が多いですが「調査観察データの統計科学(岩波書店)」などを参考にしてください。

1▸5 結果を共有するためのデザイン

ここでは分析作業から少し離れて、他人に結果を共有する場面を取り扱います。前節までは、加工することで、データから情報を取り出す方法を学んできました。実際のビジネスの場では、結果を人に伝えて行動を変えてもらうためのコミュニケーションが後続に存在します。この節では、そうした共有の際に気をつけるべきポイントについて述べていきます。そして、そのために最低限知っておいた方が良い、見栄えを整える機能について説明していきます。

▶ 分析結果を人に伝える際に気をつけるべきこと

最初に述べた通り、大抵のビジネスの現場では、分析した人の中で分析が完結することはまずありません。結果を人に伝え、内容と重要性を理解してもらい、行動を起こしたり、行動の許可をもらうことになります。そういう面では、データを分析することで重要な情報が手に入り、それを人に伝える瞬間というのは、分析者にとって、非常に重要な時間です。これは、かけた時間が報われたと実感できるタイミングです。しかし、ここで失敗すると、今までの時間が無駄になってしまうこともあります。

多くの分析者は自分のかけた時間ゆえに、報告相手の視点を忘れがちです。とくに相手の視点を分析者が忘れてしまい、失敗の原因になるのは以下の2点です。この2点に対しては、分析者は特に注意を払う必要があります。

報告時に気をつける視点

1. 相手は自分ほど分析結果を理解するための情報を持っていない可能性が高い
2. 相手は自分ほど分析結果に興味がないことが多い

どうして、共有をする側と受ける側の間には、上のようなギャップが生まれるのでしょうか。

まず、自分と相手は結論に至るまでの過程が全く異なります。

例えば、分析者としてのあなたは、自分にとって重要という背景に伴い、データを見始めています。

そして、さらにその過程で色々な発見があり、どんどん深いところへ分析を進めているのです。そうした紆余曲折を経て、なんとか役に立つ結果を発見できたことでしょう。こうなると、時間をかけたことで、あなたの関心はとても強いものになってしまっています。

しかし、**受け手は、そのことを何も知らないのです。**そもそも、あなたが最初に思った重要さすら知らないかもしれません。分析する過程で積み上げられた小さな発見も何も知りません。ですから、共有を受ける側の多くは、そんな状態で結果を見せられるので、**あなたと同じだけの熱意や知識を持って、分析結果に向き合うことはありません**。

こういう状態を避けるには、分析の初期からコミュニケーションをとるといった手段で解決することもあります。また、結果の共有の場面でもプレゼンテーションの上達で対応することもできます。こうした解決策は、報告を受ける人の興味度や分析者との関係性によっても変わってきます。ここではできる限りBIツールの操作にスコープを絞るため、比較的、相手が分析内容に関心があり、あなたの話をじっくり聞いてくれる状態を想定して以後の話を進めていきます。

こうした状態では、一度きりの商談などではなく、あなたの分析結果を見て、あなたに質問をし、さらに必要な情報を要求していくサイクルが回ります。つまり、あなたと相手が納得するまで、コミュニケーションが行われ、分析者の考えたことが十分に相手の頭にうつるまで時間をかけることができます。

データビジュアライゼーションサイクル（再掲）

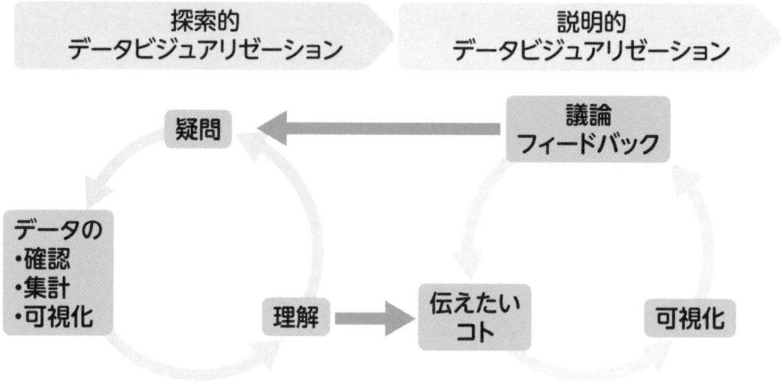

ただし、こうした状態でも最低限の準備は必要です。共有を受ける側の多くは、「全くわからないもの」を最初に見た際に、分析者が相手の理解度などを考慮しないことに対し、感情的に反感をもってしまうためです。そうなってしまうとコミュニケーションは非常に手間がかかってしまうのです。それを防ぐためには、作ったBIの配置や付加情報を工夫し、相手が理解できるような最低限の心遣いをしていく必要があります。

上記のような準備を行うためには、以下のチェックリストのような心がけが重要です。一見すると当たり前のことが多いですが、実際に作業が中心になると、早く伝えた方がよいという思いが強くなり、これらを忘れてしまいがちです。共有する前に確認し、見る人がダッシュボードを少しでも理解しやすくなるようにデザインしてみてください。

見せる前のチェックリスト

- ダッシュボード内に、定義が不明なものがないか？
- 見る順番や重要度がわかりやすくなっているか？　見る順番によって理解のしやすさが変わる場合はそれがわかりやすくなっているか？
- ぱっと見で、うまく表示されていないものや、雑だと思わせるような見る気を削がせるような部分はないか？

ハンズオン

ここでは上記のチェックリストに対応するための機能を実際に使ってみます。機能を使うだけでは、目的は達成できませんが、どういう時にそれぞれの機能を使えば、少しでもよくできるかの参考にしてみてください。

1つ目の、**定義が不明な場合**は、単純に説明を追加していくことで対応できます。BIツールのダッシュボードではテキストオブジェクトを追加することができます。また、文字よりも画像で説明した方がわかりやすい場合は、画像を埋め込むこともできます。

2つ目の、**見る順番や重要度**に関しては、グラフやオブジェクトの配置や大きさの変更で対応できます。

人間は、上にあるもの、大きいものから見始めることが多くあります。そこで、それを意識して配置や大きさを変えてみてください。

また、無意識的に位置関係でまとまりを作ります。近くにあり、他のものから離れたまとまりを同種のものと認識します。そこで、まとめて見て欲しいものはできる限り近くに配置し、そのグループを他のものとは離れた位置におくように心がけるのも良いでしょう。

3つ目の、**雑な配置を防ぐ**というのは、綺麗に配置してくれる機能やまとめて移動できる機能を使うことで作業時間を短縮することができます。

それではこれらの機能を試していきましょう。下記では機能の操作方法のみの説明になりますので、操作方法を理解して、完成図を見本にしてダッシュボードを加工してください。

◆説明、ラベル、画像を追加する

説明やラベルは文字オブジェクトを足すことで記述することができます。

文字オブジェクトの追加方法

1. オブジェクトを選択し、文字オブジェクトを挿入
2. 文字オブジェクトの中身を記載する

1.オブジェクトを選択し、文字オブジェクトを挿入

ツールバーからオブジェクトを選択します。ツールバーには複数のオブジェクトがあるので、文字を選択します。すると、文字オブジェクトがキャンバスに挿入されます。

ツールバー 文字オブジェクト

2.文字オブジェクトの中身を記載する

文字オブジェクトはクリックすることで中身や、文字の色などのプロパティを変更できます。クリックし、「テスト」など好きな文字を入力してください。

文字オブジェクトの編集

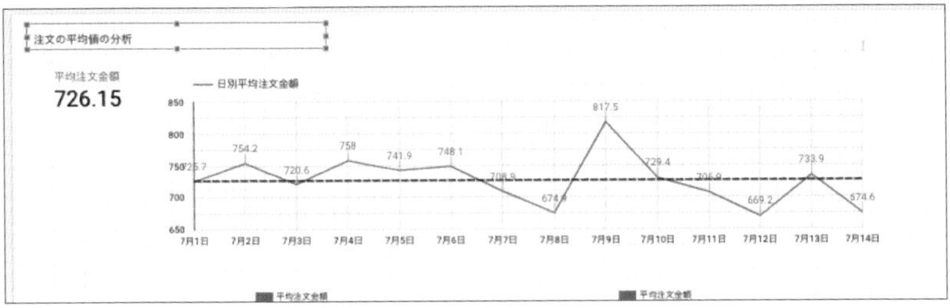

画像オブジェクトも同様ですが、画像の取得元を指定する必要があります。

画像オブジェクトの追加方法

1. 画像を選択し、取得元を入力
2. 画像オブジェクトが挿入される

1.画像を選択し、取得元を入力

ツールバーより、画像を選択します。画像の挿入方法を聞かれます。例えば、パソコンのローカルファイルをアップロードする場合は「パソコンからアップロード」を選択してください。

ツールバー 画像オブジェクト

2.画像オブジェクトが挿入される

画像オブジェクトがキャンバスに挿入されます。

グラフや画像の大きさを変える

重要度や見る順番を変えるために配置や大きさを変えてみます。といっても配置は、選択してドラッグするだけです。

また、グラフや、文字オブジェクトの枠、画像などはクリックすることで大きさが変えられるようになります。クリックし、右下をドラッグしてみてください。斜めに動かすと縦横比を保ったまま大きさが変わり、縦や横に動かすと、その方向に大きさが変わります。

グラフの大きさ変更

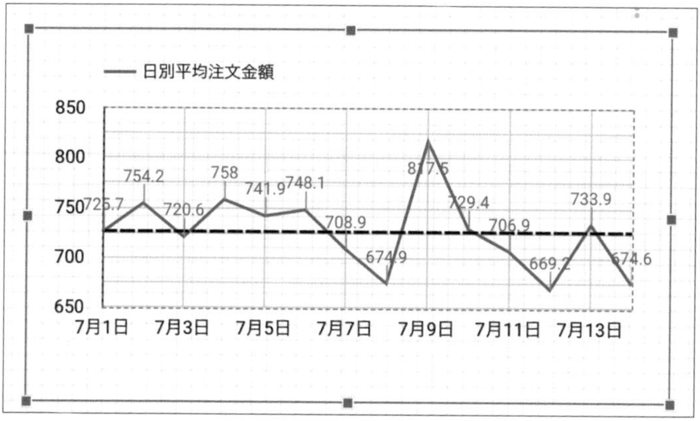

大きさの変更後

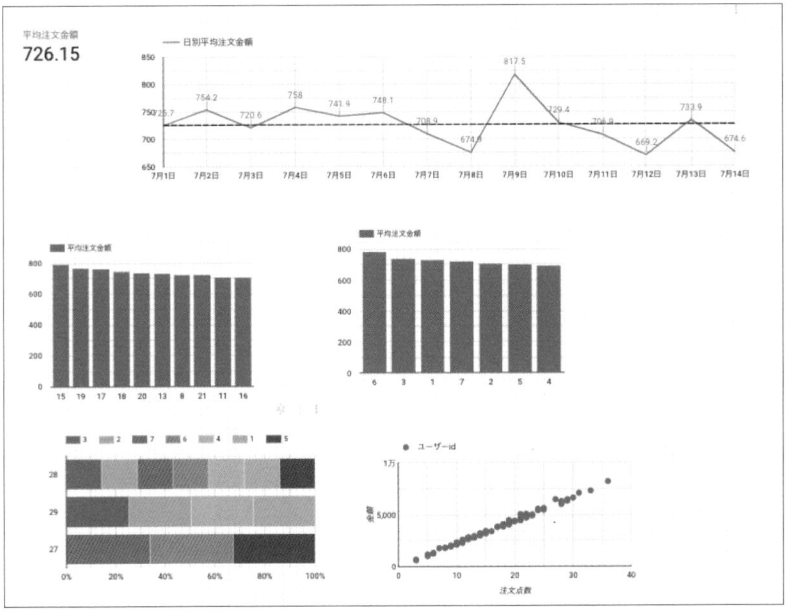

グラフの並び替えを手軽に行う

今度は配置などを手軽に整える機能を試してみます。ここでは配置を揃える機能を紹介します。

まず整列機能から使ってみます。基準の位置に、綺麗に並べることができるようになります。

整列機能の手順

1. 対象のグラフを選択
2. 整列方向を指定

1. 対象のグラフを選択

前節で作成した、二つの棒グラフを選択します。このとき、順番に押すと最後に押したものしか選択されないため、複数のオブジェクトを選択する操作をします。Windowsの場合はCtrlキーを押しながら、Macの場合はcommandキーを押しながら選択操作します。

複数選択

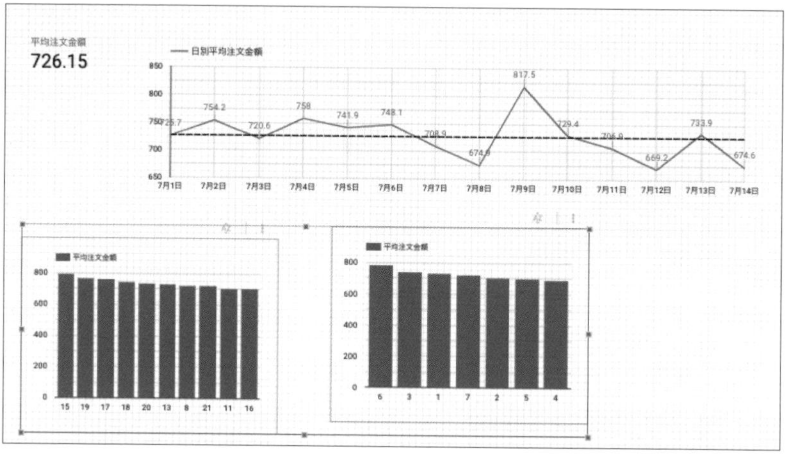

右クリック複数グラフ

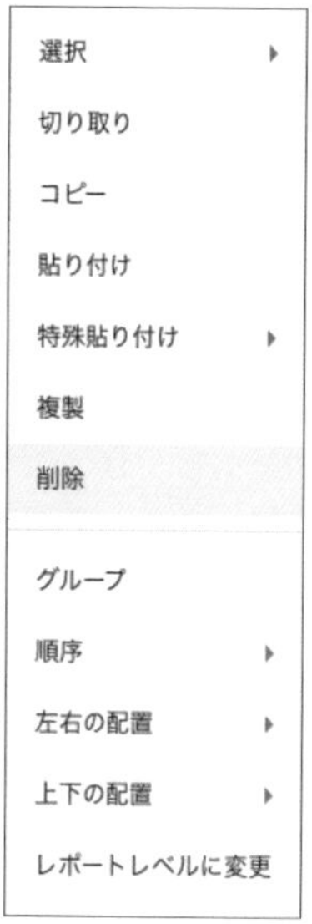

2. 整列方向を指定

複数のオブジェクトを選択した状態で、右クリックします。メニューが表示されるため、その中の上下の配置をクリックします。配置の仕方が表示されるので、「上」を選択します。そうすると最も上にあったものに合わせて、全てのオブジェクトの位置が移動します。

複数グラフ 整列後

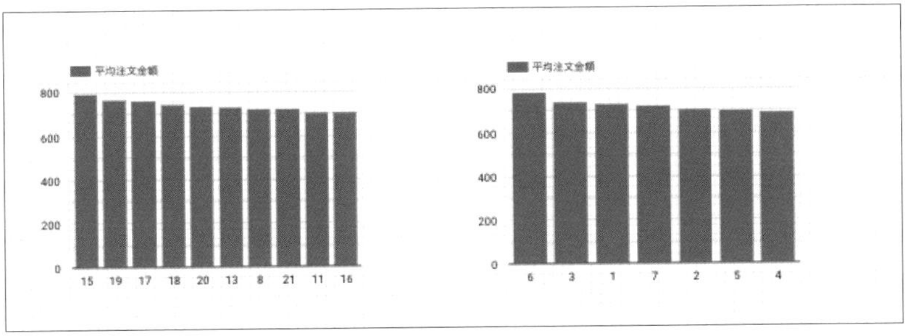

また、複数のグラフを扱う場合は他にも機能があります。例えば、**重なりの順番を制御する順序**、複数のオブジェクトをまとめて扱えるようになる**グループ化**、位置を適切な距離に変更する**均等配置**などです。これらの操作は同様に複数を選択し、右クリックから選択することで利用することが可能です。

▶ ステップアップ

ここまで、共有時に最低限心がけるデザインとそのための機能を紹介してきました。ここでは、もう少し細かい注意点として、デザインでよく心がけられる点と、どこまでこだわるべきかについて触れていきます。

◆ ダッシュボードのデザインでよく心がけられる点

基本的な鉄則ですが、共有を受ける側が余分なことを考えず、しかし、無理なく情報を理解できることが重要です。例えば、どういう順番で見るべきか、といったところを考えさせないよう理解しやすい順番にグラフを大きく、左上から配置するなどです。

加えて、グラフにない情報、例えば色の凡例や、そのグラフで何を見ようとしているか、どんなデータを元にしているか、などをテキストで追加します。

そして、見ていて雑と思われないように、整列などをきちんと行います。デザインの基礎として、まず心がけるべきは**整列、近接、強弱、反復**とよく言われます。これらと順番と補足を最低限心がけてください。

◆ どこまでデザインにこだわるべきか

データビジュアライゼーションには、いくつか種類があると言われています。例えば、自分が情報を取り出すために行う**探索的データビジュアライゼーション**や、その内容を人に伝える**説明的データビジュアライゼーション**です。後者は相手に伝わりやすくするために、色や矢印などをいれて、メッセージを強調することが必要になる場合もあるでしょう。しかし、BIツール単体でここまでやることは稀です。

一度きりのグラフに最適化された加工や強調を行うことが目的の場合、BIツールの利用は適切ではありません。BIツールは、作業の効率化や自動化の機能が揃っているためです。ですから、繰り返し同じような作業をするケースに向いています。例えば、データが頻繁に更新されるが、最新のものを表示しておきたい場面や、インタラクティブに情報を検索する場面です。反対に、一度きりしか使わない場面ではデータをダウンロードし、スライドなどで直接グラフを作った方が使いやすいでしょう。

memo

こうした区分に関しては「デザイニング・データビジュアライゼーション(オライリー)」を参考にしてください。また、メッセージを強調する可視化に関しては、「マッキンゼー流図解の技術(東洋経済新報社)」を参考にしてください。

BIツールのアウトプットであるダッシュボードは使われる頻度が高いものにすべき、と筆者は考えています。すなわち、表示の仕方は同じものだが、日々更新されるデータを複数人が見る場面です。そこでダッシュボードに必要なデザインは、参加者が最低限の理解ができ、また不快感をもたないものに抑えるのがよいでしょう。

この際に理解の支援に関しては、**文字オブジェクトや画像オブジェクトで説明を書き足す工夫**で対応することができます。

また、それ以外にも、**ダッシュボードに、愛着をもってもらうための工夫**も考えると良いでしょう。例えば、フォントや色、アイコンなどをみんなに好まれるようにします。よくあるのは、それを利用する組織のテーマカラーにしたり、アイコンなどを埋め込むことです。Data Portalではカラーパレットの設定や、画像や動画の埋め込みなどもできますので、ぜひ試してみてください。

memo

こうした領域はデザイナーの知見が重要になります。「デザイナーじゃないのに(ソシム)」が入門書としては良いでしょう。

1▸6 結果の展開、共有

この節では、複数人でのデータ活用に必須の配信、共有機能について学習します。前節では共有する際のデザインについて述べましたが、ここでは具体的な共有の際に使う機能について説明します。機能自体はシンプルなものですが、なぜ使うのかの理解が重要なため、そこに注力する形で執筆しました。具体的には、配信機能を使う理由とどんな機能があるのかについて記載しています。

▶ 配信、共有機能をなぜ使うのか

配信、共有機能が使われる背景には、データや分析した結果を組織内で流通させたい、というニーズがあります。このニーズを理解するために、まずはデータドリブンという考え方について説明していきます。

データに基づいて行動する組織を、「データドリブン」や「データインフォームド」な組織と呼ぶことがあります。こうした組織は、データに基づくことで適切な行動をとることが競争の源泉になっています。過去のデータに基づくことで、当てずっぽうの行動や大外しの行動を減らしたり、状況が変わり、勘や経験がきかなくなっても、素早く上手く行動していけるためです。

データドリブンな組織の実現には、組織の各員が適切なタイミングで判断に必要な情報にアクセスできることが重要となります。もちろん、土台となるデータがあり、良い分析が行われていることも必要です。しかし、その結果が共有されていなければ、良い発見を広く使うことができません。皆に共有されることで、一部の人の良い判断を組織全体が再現することが可能になるのです。

実現にはもう一つ、このような判断が徹底され続けている必要があります。続けるためには、その判断と行動が結果に繋がっていることがわかっている状態でないと、心理的に難しくなります。そのためには、分析した結果を一度共有するだけでは不十分です。規則通りに行動がなされて、目標に近づいているのかを日々、フィードバックする必要があります。うまくいっていなければ対策を講じ、動き続けられるようにする必要があります。

これが徹底されるためには、規則のトリガーにすぐ気づける状態である必要もあります。規則を知っているだけではダメで、今すべきなのかを簡単に知れる必要があります。

こうしたデータドリブンな組織には、メンバーへの共有と日々の可視化、トリガーの伝達が簡単に繰り返せる必要があります。

BIツールの配信、共有機能はまさに、ここを支援することができます。手軽に情報を更新し、共有、日々の可視化、トリガーの伝達を自動化することができます。これらを人力でやるのは無理ですが、BIツールを用いることでデータドリブンな組織作りを簡単にすることができます。

どのような配信、共有機能があるか

ここからは意義ではなく、より具体的な機能についての説明に入っていきます。

BIツールで一般的な配信、共有機能は以下のようなものです。

一般的な配信、共有機能

1. ダッシュボードや集計後のデータをメール、チャットで定期的に送信する
2. ダッシュボードにWebブラウザやモバイルアプリでアクセスできる

1つ目はプッシュ型とよばれ、配信先がよく見ているものに直接結果を送信するものです。利用者はBIツールの存在をあまり認知しなくなります。

2つ目はプル型で、利用者が直接BIツールにアクセスします。こちらは、積極的にBIツールを操作する組織が好みます。

前者の場合、BIツールにアクセスするわけではないので、一部の機能が使えなくなります。例えば、次節で紹介するインタラクティブ機能でより詳細にデータを確認したり、リアルタイムの情報確認はできません。

またこれらに付随して、データ加工のロジックを定期的に実行し、データを更新する機能を持っています。これらは先ほども述べた通り自動化の際にとても意味があります。最新のデータにアクセスできることが素早く行動するためにとても重要なためです。

ハンズオン

実際にData Portalで配信、共有機能を試していくことにします。Data Portalでは、共有機能として以下の3つの機能を持っています。URLを共有することでWebブラウザでアクセス可能にする機能、Webページに埋め込むhtmlタグの作成機能、メールでダッシュボードをpdf化して送信する機能です。加えて、データの更新を定期的に実行する機能も用意されています。ここではWeb公開機能と、メール配信機能を試しに設定していくことにします。

3つの共有機能

- URLを共有することでWebブラウザでアクセス可能にする機能
- Webページに埋め込むhtmlタグの作成機能
- メールでダッシュボードをpdf化して送信する機能

Web公開機能

本項ではWebに作成したダッシュボードを公開する方法を説明します。作成した段階では、作成者しかこのダッシュボードにアクセスすることができません。しかし、Webに公開することで、検索に引っ掛かるようにしたり、Googleアカウントがない人でも表示することが可能になります。

Web公開機能の設定手順

1. 共有設定の実施
2. 共有URLを展開

1.共有設定の実施

共有設定を変更します。ツールバーの 共有ボタンを押し、共有設定を開きます。

ツールバー 共有 共有の設定

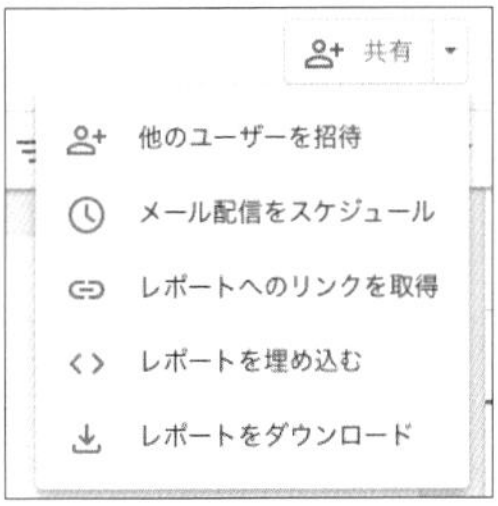

そうすると共有メニューが表示されます。

ここで、リンクを知っている人がアクセスできるように設定します。共有対象をURLを知っている人に変更するため、「他のユーザーを招待」→「アクセスを管理する」→「リンクを知っている全員が表示できます」をクリックします。なお、この設定を行うとURLを知っている人は誰でもアクセスできるようになります。公開できないダッシュボードの場合は、URLを知っている人のアクセス許可を使わない方が良いでしょう。そうではなく、共有したい人のグーグルアカウントに許可をだす設定を使ってください。

共有 URLの設定

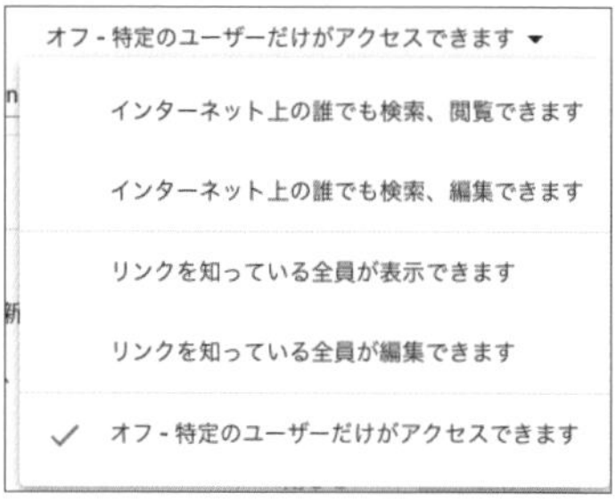

2. 共有URLを展開

上記設定を行うと勝手にURLがクリップボードにコピーされます。これをメールや、チャットツールなどで共有したい人に送ってください。このURLからアクセスすると作成したダッシュボードが表示されます。

続いて、メールでpdfを配信する設定を行ってみたいと思います。

配信機能

前項は、確認したい人が主体的に見る自主性が高いものでした。いつ見るかなどは、見にいく人に左右されるため、例えば、表示する時間によってデータが変わることも起こります。配信機能は時間などを指定し、複数人に送信するため、そうしたブレをなくしたり、pdfで送信されることから、表示されるまでの時間を短縮することが可能になります。

メール配信機能の設定手順

1. 表示モードに変更し、共有設定を実施
2. 対象とスケジュールを設定

1. 表示モードに変更し、共有設定を実施

前項と同様に表示モードでない場合は表示モードに切り替えます。表示ボタンを押してください。その後、やはり同様に共有ボタンを押します。

ツールバー 共有 配信の設定

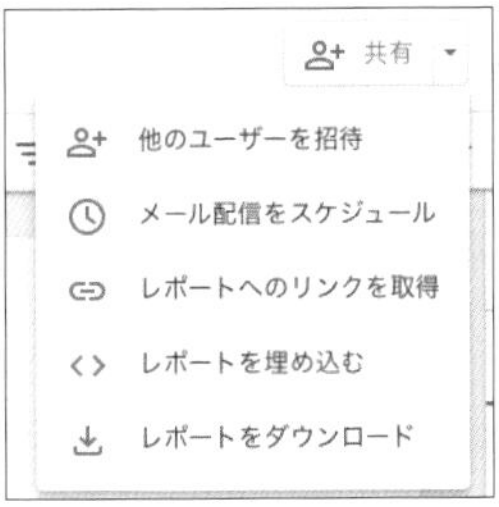

ただし、今回はメール配信をスケジュールを選択します。そうすると送信設定の画面が表示されます。

2. 対象とスケジュールを設定

送信設定の画面が表示されると、送信先とスケジュールを指定することが可能です。送信先は対象のメールアドレスを入力します。誤って入力すると、データの流出につながるので注意してください。

送信スケジュールの設定は、時間や頻度を設定することができます。ここでは今から5分後などを設定し、送信されるかの確認をしてください。実際に使う場合は、曜日ごとや休日をのぞいて毎日10時など、必要に応じて設定をしてください。

配信スケジュール設定

注意点として、送信するメールの中身は変えられません。すなわち、特殊なメッセージなどをいれたカスタマイズはできないため、ダッシュ

ボードと異なり、メール自体を組織カラーに合わせたりすることはできないということです。

また、メールにはダッシュボードのpdf以外にアクセス可能なURLが記載されています。もし、共有設定がURLを知っている人になっていると、そのメールから直接アクセスできてしまいますので、気になる人は共有設定を必ず確認し、オフにしておいてください。

ステップアップ

以下では配信や共有を使う際に気を付ける部分を述べていきます。機能の設定よりも、うまく使う際に役に立つ考え方を記載しています。

活用を意識した配信設計が必要

前節までのように、個人で作った結果を共有するのと比べて、配信、共有機能は組織での活用を考える必要があります。もう少し言うと、自分の分析した結果をわかりやすくするだけでは、配信しても価値が生まれるわけではない、ということです。これは配信、共有がその機能の特性上、一度設定されると、自動で動き続け、分析者の手から離れ、利用されるためです。そのため、一つ一つ分析者が利用者に教えて行動を促すことは難しく、形骸化したり、特に価値を生まないが動き続けると言う状況になりがちです。

この場合、データを配信して、どう使うかを事前に設計することが重要なのです。

そのためには、以下の3点を明らかにしておく必要があります。

データ配信の際に明らかにしておくべき点

1. どんな人が、どんなタイミングで見るのか
2. 何を、どんな閾値で見るのか
3. 見て何をするのか

これはつまり、データ活用の業務フローを設計するということです。これらの設計が甘く、なんとなく「みんながデータを見た方が良いから配信する」で始めると、役に立たないことが多くなります。

これらが決まれば、送信手段や送信内容を決めることができます。例えば、「さっと見る必要があるからスマートフォンでも見ても大丈夫な表示にしよう」「会議の時にディスプレイで一画面に表示できるようにしよう」「この後にパワーポイントで報告が必須だから、csvファイルを送ろう」といったようにです。さらに、これをもとに新人が、経験豊かな人と同様の行動できるまで決まっていると業務改善としては素晴らしいでしょう。例えば、「リード獲得数が日次100件を割ると、70%の確率で売り上げがショートするので、広告投下したいから毎日マーケティングチームに送ってほしい」のような形です。

memo

こうした業務設計に関しては「業務デザインの発想法(技術評論社)」を、データの活用の反面教師としては「測りすぎ(みすず書房)」などを参考にしてみてください。

◆ パフォーマンスチューニングの重要性について

上記のように重要な業務に組み込まれている場合、必要なタイミングでアクセスできないことは非常に問題になります。システム自体が停止している場合は仕方ないとして、データの加工に時間がかかりすぎ、配信や表示が予定通りにいかないと言う場合は問題です。

こうした場合、より効率的なデータ加工の方法に変えるなどといった調整をBIエンジニア側がする必要があります。その際に、BIエンジニアはツールのパフォーマンスをモニタリングしたり、効率的な加工手段に詳しくなるといった専門性を獲得していくことが重要になります。

こうした、いつまでに必ず送られていなければいけない、とか、年間で表示されない時間は何時間以内でないといけない、といった指標を**サービスレベル**と呼びます。業務に組み込む場合は、利用者とサービスレベルの合意を行なっておくことも、不要な争いを起こさないために重要です。

1-7 ダッシュボードのインタラクティブ機能

この章の最後の節では、作ったダッシュボードをインタラクティブにしていきます。インタラクティブにできるということは、一度作ったダッシュボードを、閲覧者が動的に変更できるということです。この節ではそうすることのメリットや、どんな機能があるのか、どう設定するのかという部分を説明していきます。

インタラクティブの利便性

ダッシュボードがインタラクティブになるというのは、利用者が操作をすることでダッシュボードを変更できる状態にすることです。この機能はどんな時に用いると良いのでしょうか？　ダッシュボードをインタラクティブにするメリットは3つあります。

ダッシュボードをインタラクティブにするメリット

1. 複数のニーズに1つのダッシュボードで答えることができる
2. 複数のダッシュボードに共通のデータ加工、グラフ作成のロジックを使うことができる
3. 新しく作ることなく、即座に必要な情報にアクセスすることができる

これらは簡単にいうと、手間を下げることができる、ということです。一つ一つ詳細を見ていきましょう。

1つ目のメリットを言い換えると、柔軟性が高くなるということです。例えば、利用者がエリアマネージャ、お店A店長、お店B店長と複数人いると、利用者によって確認したい売上が変わってしまいます。こうした複数ニーズに応えるために、インタラクティブな機能をつけておくことが

あります。

2つ目は、1つ目に付随しますが、**メンテナンスコストを下げる効果**があります。上記の例の場合、見る範囲（お店）が違うだけで、使うデータも集計方法も表示方法も同じになります。その際にそれぞれごとにダッシュボードを作ってしまうと、新しいグラフを足すときに同じ作業を3回行う必要が出てきてしまいます。インタラクティブで差分に対応し、ダッシュボードを共通にしておけば、変更は一回で済ますことが可能です。

3つ目は、**利用時に即座にデータにアクセスが必要なケース**で重要になります。例えば、会議の中で新商品の売上の話が出た時や、カスタマーセンターが利用者の情報を確認するケースです。そうした場合、即時でそれを確認することが必要となり、インタラクティブ機能でこのニーズを満たすことができます。

なお、会議のケースのような、説明と新たな情報探索が繰り返される状況をとくに**説明的探索ビジュアライゼーション**と呼びます。これはデザインの節で述べたデータビジュアライゼーションサイクルが会議の場でリアルタイムに回っている状態です。こうなると意思決定のための情報収集の速度が速くなる状態になります。こうしたその場で情報収集や意思決定に応えられるようにすることがBI導入の一つの理想になります。

インタラクティブにはどのような種類があるか

インタラクティブなダッシュボードというのは一般的なウェブページをイメージしてもらうと良いかもしれません。ユーザーは情報を求めてページにアクセスし、必要な情報が手に入るまで、画面を操作し表示を変えていきます。そうした状況を実現するための機能が用意されています。

なお、BIツールによってインタラクティブにできる部分には差があります。

Data Portalの場合、データのフィルターをかける部分がインタラクティブにできる部分となります。フィルターというのは、表示されているデータに条件をつけて、消すことをいいます。

多くのBIツールでインタラクティブにできるのは**フィルタ機能**です。しかし、一部では、フィルター以外も動的にしたダッシュボードを実装できることがあります。例えば、グラフの軸や、ディメンションに使うデータ、集計方法、さらにはデータソースも動的にできるBIツールも存在しています。

ハンズオン

それでは実際に機能を試していきましょう。Data Portalでは主に2つの機能でインタラクティブを実装します。

インタラクティブに用いられる機能

1.コントロール機能

2.インタラクション機能（interaction）

どちらもダッシュボード上でフィルターをインタラクティブにし、利用者が動的に変えることができるようにする機能になります。

2つの違いは、**何がインタラクティブのトリガーになるのか**、ということです。コントロール機能はプルダウンなどのコントロールオブジェクトを挿入し、利用者はそれを操作します。対して、インタラクション機能では、グラフの要素を選択し、その選択された属性を対象にしたフィルターを他のグラフにかけます。

この違いは操作感の違いにもなります。コントロール機能は、Webアプリケーションの要素と同様のデザインになっているため、利用者が操作をイメージしやすいという特徴があります。加えてコントロール機能では、画面に表示されていない条件でもフィルターをかけることが可能です。対して、インタラクション機能はグラフの気になった部分を押すと反応するため、思考の流れと相性が良い機能です。その分、利用者がどこで操作できるかわかりにくい、画面にない要素ではトリガーにできない、という欠点があります。

利用する側と使う側のメリットが異なることにも注意が必要です。設定する側としては、インタラクション機能の方が簡単です。インタラクションは利用者側からは、トリガーがわかりにくいため、BIツールに慣れていない人が利用者となる場合はコントロール機能を用いる方が無難でしょう。

なお、どちらも基本的に同じデータから作られたグラフ全てが対象になる、という前提があります。複数のデータソースを用いてダッシュボードを作っている場合、どのグラフにはフィルターがかかり、どれにはかからないのか、が非常にわかりにくくなります。説明を追加する、配置を工夫するなどの注意をしてください。

◆ コントロール機能

ここではコントロールオブジェクトを追加し、それによって表示を切り替える方法を試してみます。追加されるコントロールオブジェクトはプルダウンで、対象となるのは店舗idです。これにより、表示する店舗を切り替えることが可能になります。

コントロール機能の設定手順

1.コントロール機能の選択と追加
2.設定を行う

1.コントロール機能の選択と追加

ツールバーより「コントロールを追加」を選択します。どのコントロールを追加するのか選択する画面が表示されます。今回はプルダウンを選択します。プルダウンコントロールが挿入されます。

コントロールの追加

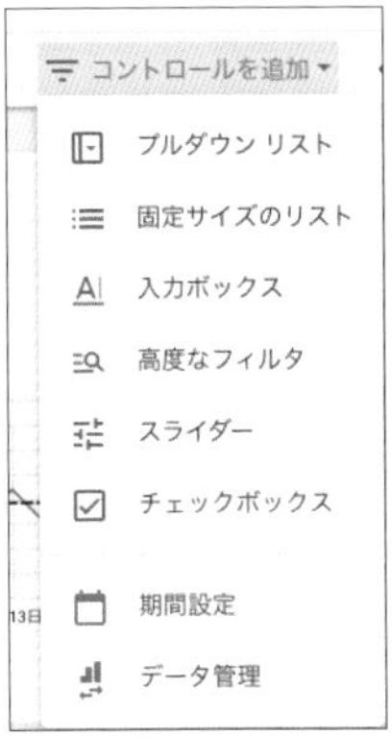

2.設定を行う

追加されたオブジェクトを選択すると右側に情報が表示されます。以下の図のようにコントロールを設定します。

コントロールの設定

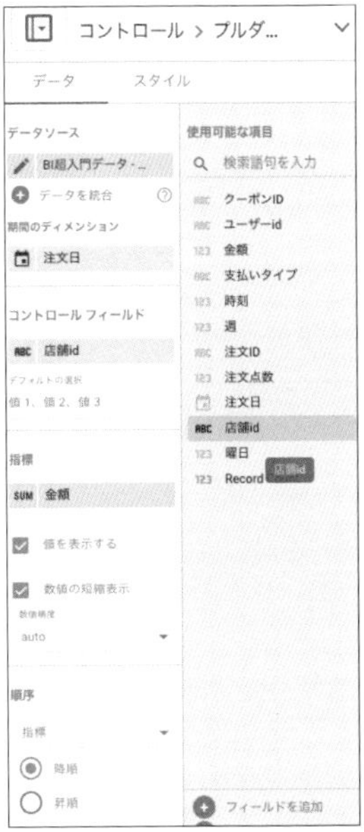

コントロールの使い方ですが、挿入されたオブジェクトを表示モードで選択すると、フィルターに関する情報が表示されます。コントロールもインタラクション機能も表示モードでしか使用できないので、注意してください。表示モードにする場合は、表示ボタンをクリックし、表示モードに切り替えます。編集モードに戻す場合は、表示モードで編集ボタンを押してください。

表示モードへの変更

コントロール機能

インタラクション機能

インタラクションでも同様の機能を作成します。適切なグラフがないため、まずは店舗で集計した表を作り、そのグラフをトリガーにしてみることにします。

インタラクション機能の設定手順

1. トリガーとなるグラフを作成
2. interactionsを設定する

1.トリガーとなるグラフを作成

ツールバーから「グラフを追加」をクリックします。グラフの中から表を選択します。追加されたグラフをクリックし、グラフ設定を右側に表示します。使用可能な項目から対象をドラッグアンドドロップし、ディメンションを店舗id,指標を金額と設定します。集計手段は平均にしてください。

グラフの設定 表

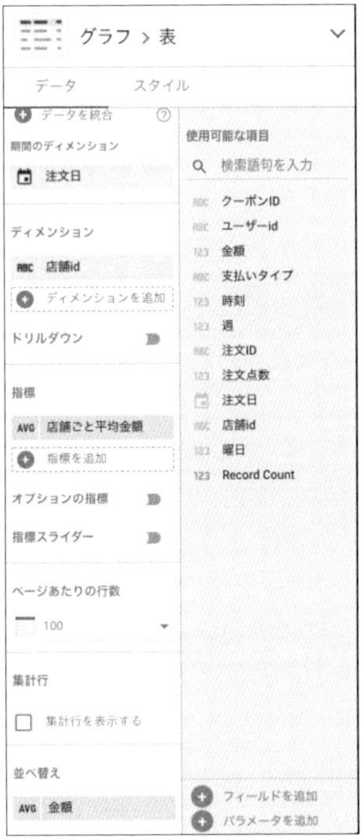

インタラクション機能を使う場合、どのグラフの要素を選択するとフィルターがかかるのかを指定する必要があります。今回は、今追加したグラフをトリガーにするので、先ほどの表をクリックして選択してください。グラフの編集用の情報が右側に表示されます。

2.interactionsを設定する

編集情報を下にスクロールすると、interactions設定（インタラクション設定）のチェックボックスが表示されます。これをチェックすると設定は完了です。

interactionsの設定位置

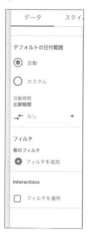

表示モードで、インタラクション機能を試してみましょう。表の店舗idから1つ選んでクリックしてみてください。以下の図のように表示が切り替わったはずです。

操作前

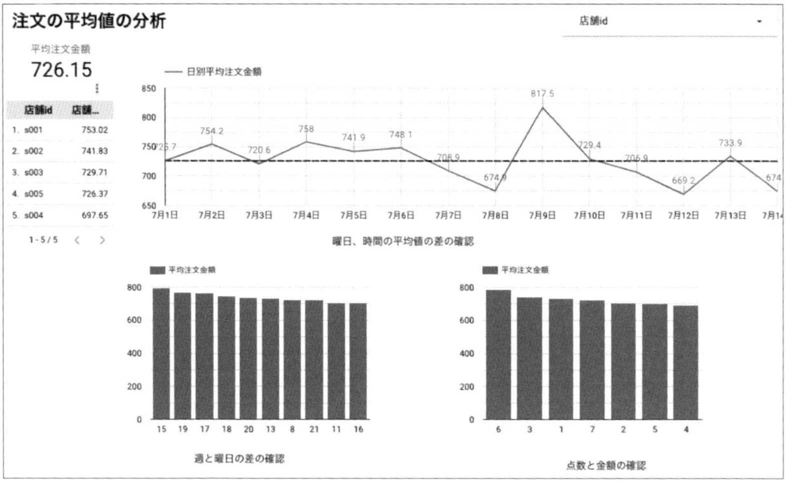

操作後

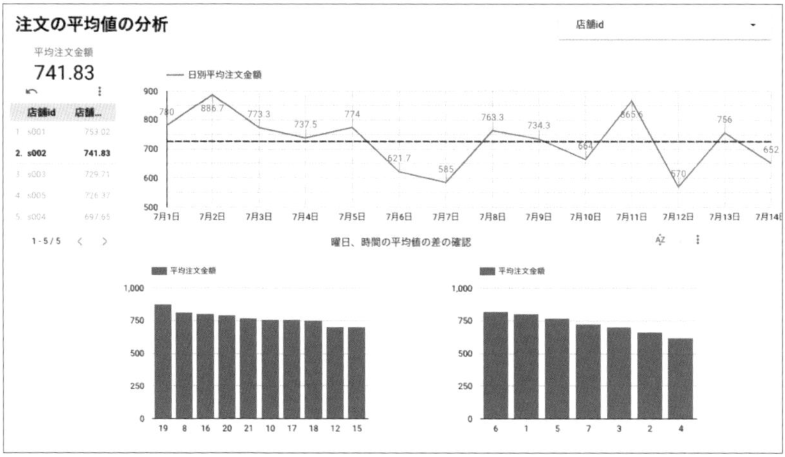

なお、ダッシュボードの中で複数のグラフでinteractionsをオンにすることも可能です。その場合は、それぞれのグラフで指定したフィルターが組み合わさった形で実行されます。

レベルアップ

ダッシュボードをインタラクティブに使う際にどのようなことに気をつければ良いでしょうか。重要なのは、本当にインタラクティブな機能を用いるのが良いのかを見極めることです。

インタラクティブ機能を使う場合に、よくフィットする場面というのは、**作成者と利用者にダッシュボードに関してコミュニケーションをとれない状態**です。実際にWebアプリケーションなどで提供されるダッシュボードが例としてわかりやすいのではないでしょうか。この場合、利用者の要求によってダッシュボードを作り直すことが難しくなります。そのため、利用者はできる限り自分で情報を得る必要があり、自身で操作できる範囲を増やしておくことが好まれます。

なお、その際に重要なのは、使い方をわかりやすくすることです。直感的に使い方が理解できればそれに越したことはないですが、実際のところ、その実現はとても難しいことです。誰もが直感的に扱えるインターフェイスを設定するのは難しいため、きちんとした説明をダッシュボードに記載することが望ましいでしょう。考えられる工夫としては、実際のダッシュボードを複製した画像に説明を入れたり、利用方法へのリンクを用意することなどが考えられます。

先ほどのケースとは反対に、**利用者と作成者が簡単にコミュニケーションをとれる場合、ダッシュボードを直接編集した方が楽な場面が多くなります。**これは、実際の現場では使用するデータソースが複数あるため、インタラクティブな実装と相性が悪いためです。同時に、データ加工や集計手段は簡単なことが多く、作成コストが低くなるためです。

このように、ダッシュボードをインタラクティブにする場合、利用ケースから変更のされ方を考慮しておく必要があります。情報のアップデートとメンテナンスのタイミングを整理しておくと良いでしょう。

最後に補足ですが、Data Portalはここで扱った以外にも自動的にグラフをインタラクティブにしてくれる機能があります。ディメンションや指標を複数設定すると、表示モードで、ディメンションの深堀（ドリルダウン）や指標の切り替えなどが行えるようになります。こちらも是非試してみてください。

ステップアップ編：第2章

さまざまな分析をしてみよう

─実践で使える さまざまなテクニック

2▸1 実務に向けて学ぶBI応用

本章では実務に近い知識を学んでいきます。その導入として、実務に必要な知識は何か、なぜそれが必要なのか、どのように学べるのかということを説明します。

前章まで学んだことでは不十分

前章で学んだことは、BIツールの**基本的な操作**、集計など**基本的なデータの操作**、そして**可視化**による情報の取り扱いの3つです。実際の業務においては、これらができているだけでは十分とは言えません。ビジネスの現場で実際にBIツールを使い、データ分析や活用を実施していくには、まだ大きな溝があります。

この溝の埋め方を考える場合、**技術の高度化**を目指すことがあります。例えば、BIツールの操作においては、BIツールにより詳しくなり、詳細な機能を扱って難しいケースを再現するというようなことです。他にも加工の腕前をあげようとする人もいます。より複雑なデータ加工を行い難しい定義の集計を行ったり、高度な手法を用いようとします。他には、グラフやデザインなど見た目方面に力を入れようとする人もいます。たくさんの可視化手段や華美なグラフ表現、デザインの論理を学ぶといった形です。これらは必ずしも無駄なことではなく、実現が難しい依頼があった時の突破口や、同業者からの評価にもつながります。

しかし、実際のところ、ビジネスの現場で求められるのは、関わる人たちが必要だとか役に立つと思うものを提供できているのか、ということです。BIツールやデータ分析に関わらず、学んだものが活かせないのは、組織が価値を産む仕組みと合致していないためです。溝を埋めるためにまず必要なのは、使われるものを作る知識です。

これらを学ぶことはなかなか難しい状態です。関係する範囲が非常に広くなり、それぞれで使えるものを知らなくてはいけません。

BIチームやデータ分析チームは、さまざまなチームと関わることになります。これはデータチームが色々な組織の機能の部分部分を代替するためです。たとえば、**データの準備やツール作り**はエンジニア、**意思決定のための分析**はマーケティングや経営企画、**現場を管理しPDCAを回す**のは現場のマネージャが担っていました。これらの業務に対する分業化や高度化の要求から別チームになっていくことが多く、こうした派生元全てと関わり続ける必要があるためです。

様々なチームと関わるため、担当するチームと会話する際にはそれぞれの領域の知識を学ぶ必要があります。しかし、立ち上がりの浅いデータチームでは、メンバーのバックグラウンドがバラバラであることが多いでしょう。そうすると、求められる知識、持っている知識を揃えるのに非常に苦労します。

本章では、それを解消するために、ビジネスとデータが関わる範囲をできる限り広く学べることを目指しました。

本章で学ぶこと

本章で学ぶのは**BIツールと他の領域の接点**です。これは大別すると2つに分かれます。**ビジネス業務における部分**と、**データサイエンスに関する知識に関する部分**になります。ここでは、なぜそれらを学ばなければいけないのか、ということについて述べていきます。

BIツールと他の領域の接点

- ビジネス業務における部分
- データサイエンスに関する知識に関する部分

まず1つ目は、**ビジネスでデータを用いる業務**に関することです。

ビジネスの現場には、伝統的なビジネスで成果をあげるための方法論が存在します。その中には当然データを用いたものも存在します。これを学ぶことで、難しいデータ分析ではなく、「必要な」データ分析ができることを目指します。

業務の中でデータ分析を取り入れる場合、ひとまず使われることが必要です。使われるためには、既に使われているケースから始めるのが最短です。というのも、「データを使う」という言葉を聞いたときに、**多くの人は既存の成功例をイメージしてしまう**からです。そこから外れたものを受け入れるのは、多くの人にとって難いことです。そうした場合、どれだけ良いものを作っても使ってもらえません。

現在のデータ分析は技術的、データ量的に高度なことが実現しやすくなってきていますが、ビジネス成果と難しいことは連動しません。もちろん分析者が高度なことで、より高い成果につなげることは可能です。しかし、残念なことに領域が異なる人は、わかりやすい成果があることを好みます。難しいことをするよりも、小さくても良いから、理解してもらえる成果を産むことを重視すべきです。

つぎに2つ目は、**データサイエンス**に関してです。

データサイエンスはここ10年間程の間に、存在感を増し続けています。重要度が高まった背景は、データの増加とそれを扱える環境のコストが下がったことです。それにより、データサイエンスが価値を産める範囲が広まったためでしょう。大量のデータと高度な統計解析でより良い判断をしようとしたり、機械学習やアルゴリズムでデータが価値に直結するサービスを作る機会が増えているように感じます。

しかし、データサイエンスが業務でどこでも使われるか、というとはまだまだ難しい状態です。というのも、データサイエンスの分野は専門的な教育が下地として必要です。そのため、結果や価値を理解してもらう際に困難が多くあります。多くのデータサイエンティストがそこで苦労しているように見えます。

そして、この下地が薄いのは、BI入門者も同じでしょう。ここの知識が薄いことはデータ活用の範囲を狭めてしまいます。しかし、BIツールの書籍でデータサイエンスが扱われることは稀です。そこを補うために、本章ではデータサイエンスも扱います。

以上のように、別々に学ぶしかなかったそれぞれの知識をできる限り広く学べるように心がけて執筆しています。

本章の内容

まず、本章の前半ではビジネス業務おいて「データ分析」「データ活用」としてイメージされやすい業務について学びます。ここでは大別すると以下の2つのデータ活用業務と、それに関する用語などを身につけることができます。

ビジネス業務の内容

1. 業務管理、改善を考えるための分析
2. データを用いて業務を効率化するツール作り

中核となるのはKPI(Key Performance Indicator)と呼ばれる言葉です。これは、組織の目的の進捗を図るために用意された指標のことを指します。これを定義し、改善し続けることがビジネスをうまく進めるコツとなっています。これらのプロセスは問題発見と問題解決と呼ばれることもあります。

そしてこれを改善するために、繰り返し行う業務を効率化、標準化するツールを作ることで、実際の業務改善に貢献することもできます。特に1章でも述べたようなビジネス上で重要な規則を見つけた場合、常にこれに基づいて業務が回る仕組みが作れると、一回一回での成功率があがります。そうなった場合、それができていない組織と比べると、この上がった成功率の積み上げは大きな差となるでしょう。

次にこれらをより強化するための手段として、データサイエンスの入門について学びます。

本書のゴールはデータサイエンティストを育てることではないため、データサイエンスの専門的な手法の理論や実装方法は扱いません。基礎的な概念を知り、BIツールへの接続を体験することをゴールとしました。こうすることで、データサイエンティストと相談し、ビジネス現場を強化する企画の実現ができるようになることを目指しています。そこで、内容はビジネス利用を意識しつつ、データサイエンスで用いられる手法の理解の助けとなるものを選択しています。

最後に、上記2つから外れますが、活用が進みダッシュボードが増えた場合、管理が重要になることから、これに関する節を1つ用意しました。

本章の具体的な構成と使い方

本章では各節は独立しています。それぞれ別のデータを用い、ダッシュボードを1つずつ作成するようになっています。1章でData Portalの操作を一通り覚えていれば、個別に学習可能です。

また、各節の構成は以下のように統一されています。

本章の各節の構成

1. ユースケースの説明
2. 知識の詳細説明
3. ハンズオン
4. 知識の補足説明

これらを通して読むことで、実務的なイメージ、必要な用語の把握、実装手段、発展のための情報を満遍なく学んでいただけるかと思います。

最後に読者の背景にあった本章の使い方を説明します。

BI入門の方は、ユースケースの説明と知識の詳細説明をざっと読むことから始めてください。そして、時間がある時に、興味のあるハンズオンをすることをお勧めします。そして、実際の業務で必要になった場合、復習するというような使い方をしていただけると良いと思います。

逆に、すでに知識を持っている方の場合は、後輩の育成などにお使いください。後輩の知識の欠けている部分や、業務で必要になった時に本章の部分を教えていくのに使っていただけると幸いです。

2▸2 KPIモニタリングとKPIマネジメント

ここではBIツールがよく用いられるKPIモニタリングとKPIマネジメントに関する知識を扱います。KPIとはKey Performance Indicatorの略です。意味としては、**重要業績評価指標**で、自分たちの組織の営みが適切に進んでいるのかを確認するために見る数値のことを指します。

▶ KPIモニタリングの利用ケース

本項では、KPIモニタリングとKPIマネジメントが用いられるケースについて述べていきます。

KPIマネジメントは、組織の運営において重要です。運営においては、どこに向かっているのか、どれくらいうまくいっているのかを合意することが必要なためです。

それをうまくやるには、KPIを定量化し、評価から主観性や属人性、思い込みを取り除く必要があります。

物事が上手くいっているかを合意するには、関係者の前提が揃っている必要があります。そうした前提としては「何でそれを評価するか」「どの状態なら上手くいっていると判断するか」「それが上手くいっていることに価値があるのか」といったものがあります。

これがうまくいっていない場合、主観的な不満が組織に溜まっていきます。例えば、上司から見た場合は「私の部下は怠け者だ。なぜなら、上手くいっていないのに、仕事を頑張ろうとしない。」と言う風に見えています。対して、部下は「私の上司は気分で人を評価する。なぜなら、上手くいっていたのに、関係ない部分で評価を突然悪くされた」と感じている状態です。

これを防ぐために、KPIマネジメントに取り組む必要があります。事前に組織の目標と評価に使う指標をKPIとして合意します。また、それと関係する形で、個人に求めるパフォーマンスの基準を設定、確認できるようにします。そして、達成を全員で満たせるようにサポートする体制を整えます。そうすることで、個人が上手くいっていない時に認識、受け入れやすくなるのです。

この時、全員が数値と基準の運用を信用していることが重要です。信じられない場合、評価そのものを受け入れることができなくなります。受け入れられなくなる原因は、数値や基準の運用を評価者が恣意的に変えた場合、従っても良いことがないためです。そのため、運用の際に、ゴールを動かすといった恣意的な運用を避けるべきです。つまり、まず評価者が最初に設定した数値と基準の通りに動くことを必ず守る必要があります。逆に、こうした信頼を適切に作ることができれば、それを基に良いコミュニケーションを行えるようになります。

信用ができた場合、定期的にKPIを眺めて、行動を変えていく必要があります。これがKPIモニタリングです。

これらの数値は最新値や予測値を基準値と照らし合わせてうまくいっているか表示したいものです。これを手動で出すのは大変で、運用が続かなくなります。そこで、BIツールでいつでも見られるようにしておくことで、大変さを取り除きます。

KPIを用いたコミュニケーション

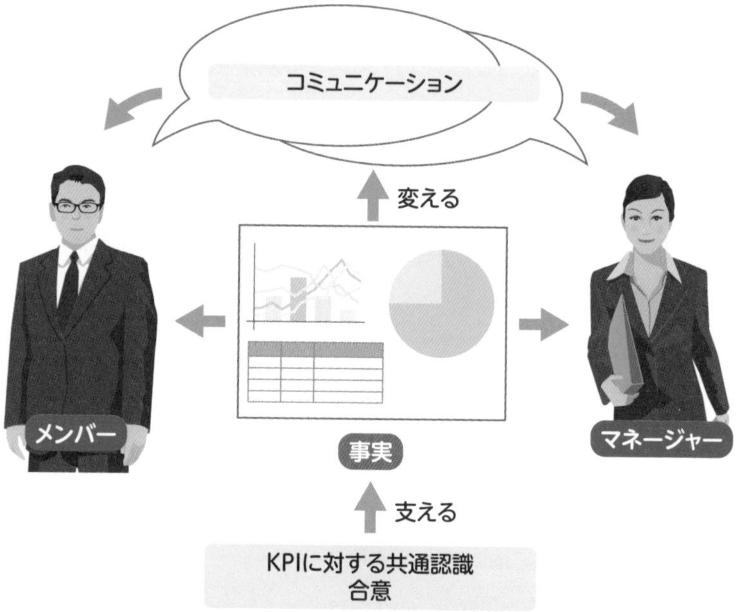

KPIモニタリングやKPIとは何か

本項ではKPIモニタリングについて、もう少し必要な前提知識を説明していきます。KPIモニタリングはKPIマネジメントの一部です。組織の運営や業務を良くしていくために、設定されたKPIを確認していきます。

KPIは冒頭にも述べたとおり、Key Performance Indicatorの略で、重要業績評価指標のことです。ただし、どんな数値でもKPIになるわけではありません。これが自分たちの業務において大事なものであり、これに基づき行動することが大事だという状態になっている必要があります。そうでなければ、単なる数値として、時々見られるだけで終わってしまいます。

KPIモニタリングやKPIマネジメントはこうした状況を避けるために、KPIを見る体制を構築していくことです。具体的には、KPIの選定および、管理体制を策定するPlanフェイズと、実際にKPIの進捗を把握していくCheckフェイズに分かれます。ここに、KPIで管理される実業務が行われるDoフェイズと、確認結果に基づきサポートなどを行うActionフェイズを加えたものを、PDCAサイクル(Plan,Do,Check,Action)と呼びます。

KPIモニタリングやKPIマネジメントはこうしたPDCAサイクルを回しながら、数値に基づいて、組織の業務改善行っていく取り組みです。その際に、最新の業務の状態を表す数値を見る必要があり、これらはBAM:Business Activity MonitoringやBPM:Business Process Monitoringと呼ばれます。これを実現するためにBIツールでの可視化がよく行われるのです。

作成するダッシュボード

ここでは、会社の取り組みとして、テイクアウトアプリ利用時の事前決済利用率を高めることを目指している状況を設定しています。この取り組みは、効率性向上が見込めることから推進することになっています。事前決済が行われることで効率性が向上するとは、時間の短縮やミスの削減です。テイクアウトに来た利用者と店員のやりとり時間を減らすことができたり、レジの打ち間違えなどを減らせることを指します。

作成するダッシュボード

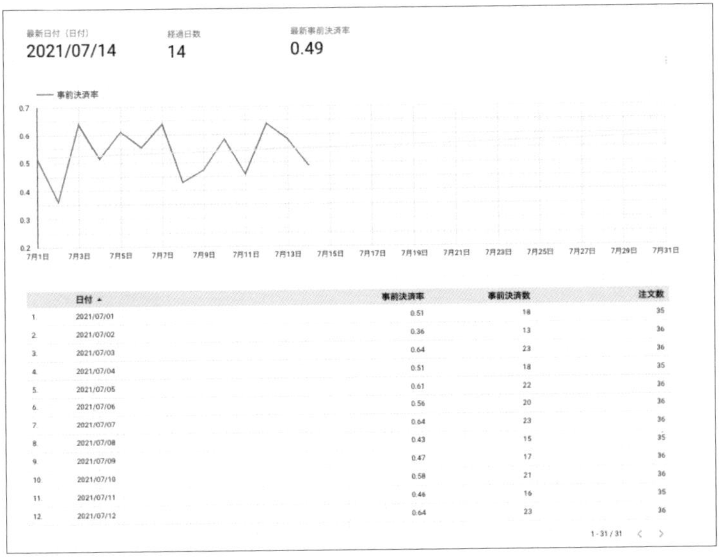

	日付 ▲	事前決済率	事前決済数	注文数
1.	2021/07/01	0.51	18	35
2.	2021/07/02	0.36	13	36
3.	2021/07/03	0.64	23	36
4.	2021/07/04	0.51	18	35
5.	2021/07/05	0.61	22	36
6.	2021/07/06	0.56	20	36
7.	2021/07/07	0.64	23	36
8.	2021/07/08	0.43	15	35
9.	2021/07/09	0.47	17	36
10.	2021/07/10	0.58	21	36
11.	2021/07/11	0.46	16	35
12.	2021/07/12	0.64	23	36

ダッシュボードの上段は、経過期間と、最新の評価が表示されています。中断には、今までの進み具合とトレンドが可視化され、将来の予想が確認できます。下段では率を作る詳細なデータが掲示されています。このダッシュボードは毎週、月曜日と木曜日の会議で確認し、全店舗の店長と、アプリ開発者がこれを見ながら、自分たちの評価を行い、意見を交換するのに使用する想定です。

ハンズオン

それでは実際にダッシュボードを作製していきましょう。

ここでは以下の3つのシートのデータを使います。

- テイクアウトアプリ_注文データ
- KPIモニタリング
- KPIモニタリング_中間シート

上記のシートのデータを組み合わせて、ダッシュボードを構築します。

構成は以下の図のようになります。

スプレッドシート構成 KPIモニタリング

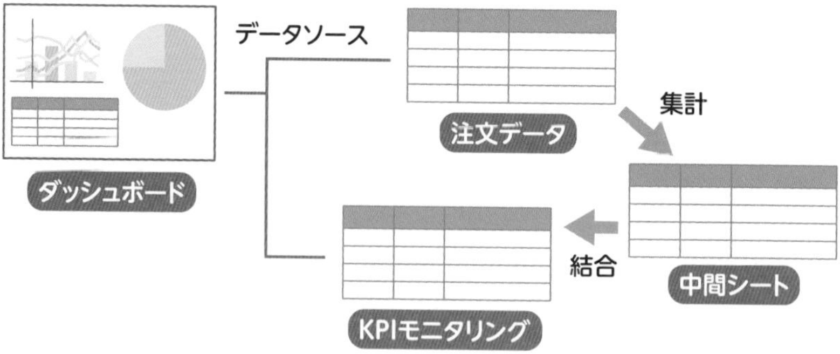

ハンズオンの手順

1. スプレッドシートによるデータの加工と読み込み
2. 上記データの可視化

1.データの加工と読み込み

まず、スプレッドシートを開き、KPIモニタリングというシートを開いてみてください。

KPIモニタリングシート

A	B	C	D	E	F
日付	最新日付	実測値	注文数	事前決済数	事前決済率
2021/07/01	1899/12/30				
2021/07/02	1899/12/30				
2021/07/03	1899/12/30				
2021/07/04	1899/12/30				
2021/07/05	1899/12/30				
2021/07/06	1899/12/30				
2021/07/07	1899/12/30				
2021/07/08	1899/12/30				
2021/07/09	1899/12/30				
2021/07/10	1899/12/30				
2021/07/11	1899/12/30				
2021/07/12	1899/12/30				
2021/07/13	1899/12/30				
2021/07/14	1899/12/30				
2021/07/15	1899/12/30				

今回は事前決済率改善を確認するために、まだ来ていない日付も表示に使う必要があります。そこで、このシートの日付には未来の日付も入ったものになっています。

続いて、「KPIモニタリング_中間シート」というシートを見てください。このシートにはまだ何も入力されていません。

ここに1章で使ったデータを取り込みます。スプレッドシートの関数で、日ごとに集計したうえで、取り込むようにします。そうすることで、元のシートが更新されると自動でこの値も更新されます。

まず、中間シートを作成していきます。中間シートのA1セルに、以下の関数を入力します。

スプレッドシート query 抽出データ

```
=query('テイクアウトアプリ_注文データ'!A:L,"select C,sum(K),count(A),sum(L) where A is not null group by C",1)
```

そうすると注文データが集計されて中間シートに表示されます。

この関数は他のシートのデータを参照し、集計等の加工を行います。書き方はquery(**参照先,加工の内容**)です。加工の内容はselectの後ろが取得する列と集計関数です。whereから後ろが削除しない条件です。ここではA列が空白でないものを指定しています。group by以降で集計に使うカラムを指定します。

こうすると、集計されたデータが読み込まれます。

KPIモニタリング 中間シート（入力後）

A	B	C	D	E
注文日	sum 金額	count 注文ID	sum 事前決済フラグ	
2021/7/1	25400	35	18	
2021/7/2	27150	36	13	
2021/7/3	25940	36	23	
2021/7/4	26530	35	18	
2021/7/5	26710	36	22	
2021/7/6	26930	36	20	
2021/7/7	25520	36	23	
2021/7/8	23620	35	15	
2021/7/9	29430	36	17	
2021/7/10	26260	36	21	
2021/7/11	24740	35	16	
2021/7/12	24090	36	23	
2021/7/13	26420	36	21	
2021/7/14	23610	35	17	

続いて、KPIモニタリングシートにこのKPIモニタリング_中間シートのデータを結合していきます。下の写真のようにC2セルに数式を入力してください。

スプレッドシート vlookup

```
=ifna(vlookup(A2,'KPIモニタリング_中間シート'!A:B,2,0),"")
```

これはvlookupと呼び、データを結合する際に用います。あるデータから、条件に合うものを探し、そこから指定した隣の列を呼び出せます。複数のデータソースを使う際に結合はよく用いられます。こうすることで、可視化に欲しい形のデータを手に入れつつ、元のデータを更新すると、最後のテーブルも自動で変わるようにすることができます。

vlookup(**条件,結合対象データ,何列目か,0**)です。ここではA2の日付を中間シートのA列から探します。そしてそこから数えて2列目のデータを取得します。C2セルには、中間シートのA列が2021/07/01のレコードのB列が入力されます。

この関数を一番下までコピーします。C列が埋まります。なお、D,E列には事前にvlookupを入力してあります。わからない場合はそちらを参考にしてみてください。

スプレッドシート 表示データ 結合後

日付	最新日付	実測値	注文数	事前決済数	事前決済率
2021/07/01	2021/07/14	25400	35	18	0.5142857143
2021/07/02	2021/07/14	27150	36	13	0.3611111111
2021/07/03	2021/07/14	25940	36	23	0.6388888889
2021/07/04	2021/07/14	26530	35	18	0.5142857143
2021/07/05	2021/07/14	26710	36	22	0.6111111111
2021/07/06	2021/07/14	26930	36	20	0.5555555556
2021/07/07	2021/07/14	25520	36	23	0.6388888889
2021/07/08	2021/07/14	23620	35	15	0.4285714286
2021/07/09	2021/07/14	29430	36	17	0.4722222222
2021/07/10	2021/07/14	26260	36	21	0.5833333333
2021/07/11	2021/07/14	24740	35	16	0.4571428571
2021/07/12	2021/07/14	24090	36	23	0.6388888889
2021/07/13	2021/07/14	26420	36	21	0.5833333333
2021/07/14	2021/07/14	23610	35	17	0.4857142857
2021/07/15	2021/07/14				
2021/07/16	2021/07/14				
2021/07/17	2021/07/14				
2021/07/18	2021/07/14				

次にData Portalを開き、新しいダッシュボードを作ってください。1章と同様に、データソースとしてスプレッドシートを選びます。1章と同じファイルを読み込み、先ほどのKPIモニタリングシートを指定します。

2. 上記データの可視化

データの用意ができたので、実際にグラフを設定していきます。ここでは以下のグラフを作成します。

グラフの種類	指標	ディメンション	フィルター設定
スコアカード	実測値（個数）	なし	なし
スコアカード	最大日付（最大値）	なし	なし
スコアカード	事前決済率（平均）	なし	最新の日付と等しい
折れ線グラフ	事前決済率	日付	なし
表	注文数、事前決済数、事前決済率	日付	なし

まず、ダッシュボード上段の最新の値と進捗を作製していきます。

スコアカードを3つ作成します。

ツールバーから「グラフを追加」をクリックします。グラフの中からスコアカードを選択します。追加されたグラフをクリックし、グラフ設定を右側に表示します。

このとき、最新の日付だけを自動で指定できるように実装します。

「フィールドの追加」をクリックします。フィールドの追加画面で以下のように入力します。これは対象のレコードがデータの中で最も最新の日付のレコードかを判定しています。

フィールド 最新日付フラグ

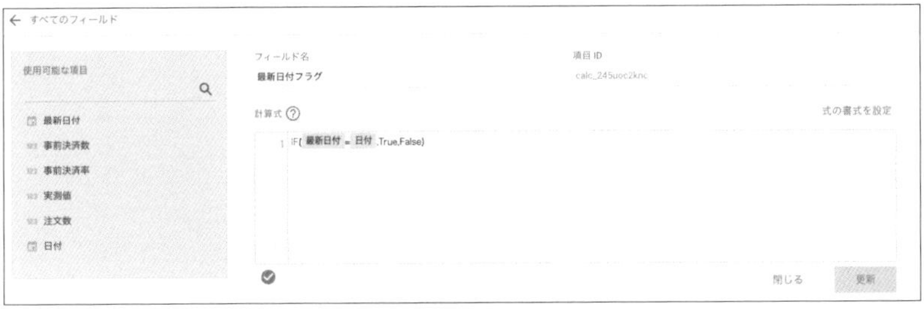

このフィルターを設定します。「フィルタを追加」をクリックし、以下のように設定します。上記で設定したように、データの中で最新の日付の場合は表示されるようになります。

Data Portalのフィルタ機能にも最新日付があります。しかし、その機能そのままでは、使っているデータが過去のものだとうまく表示されなくなります。それを避けるためにこのように実装しています。

フィルター 最新日付

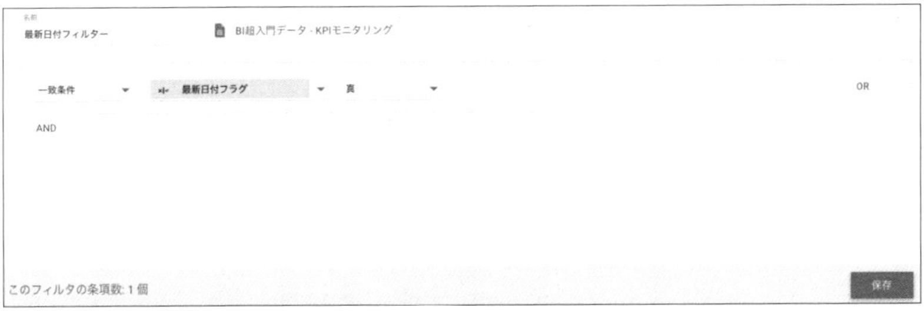

その他の設定も行います。使用可能な項目から対象をドラッグアンドドロップし、指標を事前決済率と設定します。集計手段は平均にします。フィルターに最新日付を選択します。

スコアカードの設定

同様に、スコアカードを2つ追加します。それぞれ、指標を最新日付と実測値にし、集計手段を最大と個数にします。フィルターは設定しません。

これで、最新の日付、期間の日数、すでに経過した日数が表示されました。

続けて、ダッシュボード中段に今までの推移を表示するため、時系列グラフを設定します。ツールバーから「グラフを追加」をクリックします。グラフの中から時系列グラフを選択します。追加されたグラフをクリックし、グラフ設定を右側に表示します。使用可能な項目から対象をドラッグアンドドロップし、ディメンションを日付、指標を事前決済率と設定します。

グラフ設定 折れ線グラフ

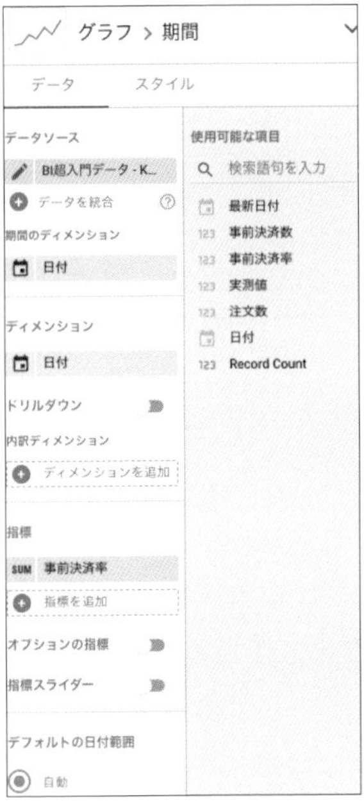

さらに、トレンドライン（傾向線）と欠落データの設定をします。スタイルをクリックします。図のようにトレンドラインと欠落データを設定します。傾向線は今の傾向をもとに、直線を表示することができる機能です。欠落データは非表示にしない場合、存在しない未来の値が0として表示されてしまい、見栄えが悪くなります。よって、今回は非表示にします。

グラフ設定 折れ線グラフ トレンドライン

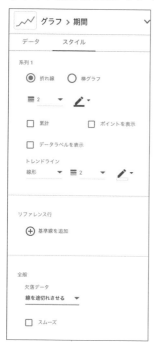

最後に、ダッシュボード下段の表を作製します。

ツールバーから「グラフを追加」をクリックします。グラフの中から表を選択します。追加されたグラフをクリックし、グラフ設定を右側に表示します。使用可能な項目から対象をドラッグアンドドロップし、ディメンションを日付、指標を注文数、事前決済数、事前決済率と設定します。

グラフの設定 表

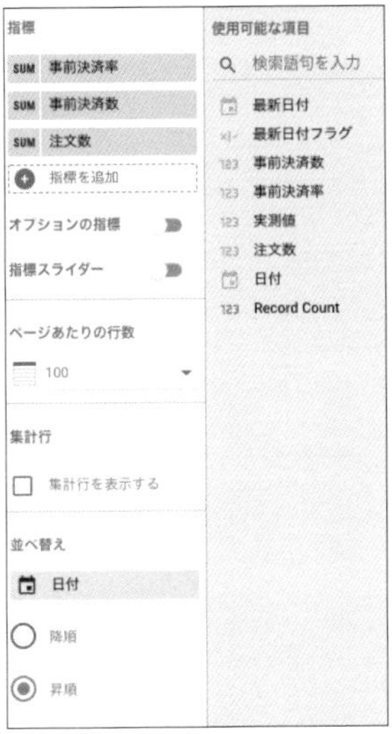

以上で未来の日付までを表示期間にするダッシュボードが作成されました。

実際の運用では日数が経つと情報が更新されていきます。

ダッシュボード KPIモニタリング

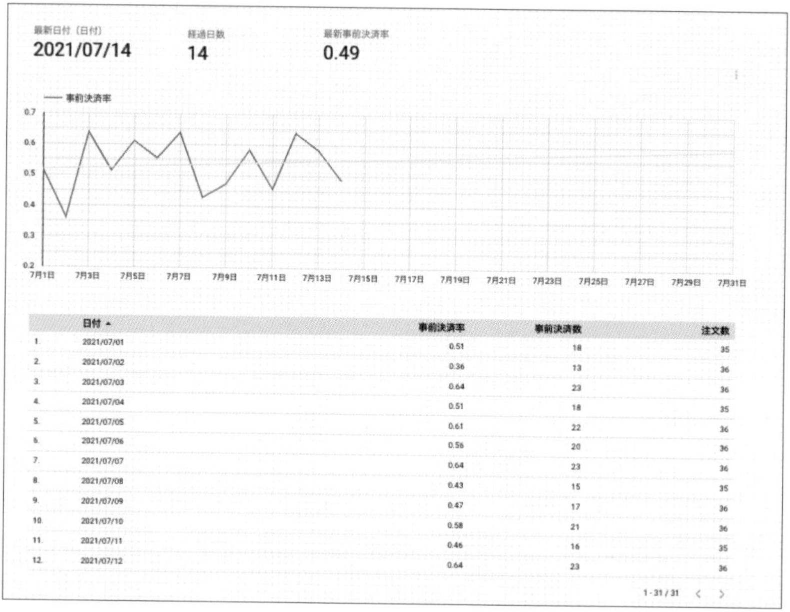

	日付 ▲	事前決済率	事前決済数	注文数
1.	2021/07/01	0.51	18	35
2.	2021/07/02	0.36	13	36
3.	2021/07/03	0.64	23	36
4.	2021/07/04	0.51	18	35
5.	2021/07/05	0.61	22	36
6.	2021/07/06	0.56	20	36
7.	2021/07/07	0.64	23	36
8.	2021/07/08	0.43	15	35
9.	2021/07/09	0.47	17	36
10.	2021/07/10	0.58	21	36
11.	2021/07/11	0.46	16	35
12.	2021/07/12	0.64	23	36

補足:KPIモニタリングの各フェイズでやるべきこと

前半で、PDCAについて述べていきました。データとして関与するのはP,C,Aフェイズですので、その際に気をつけることについて述べていきます。

Planフェイズでは、KPIの設定や選定が行われます。その際に、KPIのオーナー、定義、評価の期間、良い悪いの閾値をきちんと決め切ることが重要です。定義や閾値はきちんとした数式と元データで表すことが重要です。また、オーナーや評価の期間などが不明瞭な場合はKPI自体の運用が行われ無くなりがちです。これらを作成するとともに、共有/報告する場を関係者含めて合意しておく必要があります。

Checkフェイズは、Planフェイズで定義された共有/報告の場にて行われます。ここでは、閾値と実測値を確認します。このとき、閾値と実測値を比較して、順調なのか、変化がないかを確認します。

この確認の中で次のActionフェイズで行うことを検討します。特に悪い変化があった場合は、その要因を調査し、取り除いていく必要があります。また、このペースで行けば達成可能か否かの予想を行い、そこに関しても問題がありそうであれば対応を検討します。この場で大事なことは、全員が関係者であり、問題があれば皆で解決を目指し協力しようとすることです。そのため、体制を作る段階で、取り組むことの価値を全員が納得するようにし、無関係な人をいれないようにします。

Actionフェイズは PDCAを回すと決めた期の途中か、終了時期でやる内容が変わります。

期中であれば、対策を行います。KPIの改善がうまくいくような工夫を検討し、実施していきます。

この対策の際、体制関係者以外のサポートが必要になるケースがあります。そうした人が現在の体制に入っていない場合、気配りが必要です。例えば、そもそも体制に入っていない以上、必要性などの認識が揃っていないため、協力者は消極的になります。また、協力者は自身が評価される別の仕事があるため、優先度を下げがちです。このような心理的な問題が起こることを念頭に進めていく必要があります。

期の終わりでは、Actionの締めくくりとして振り返りを行います。振り返りでは、このKPIモニタリング体制を維持するのか否かを検討します。ここでいう体制とは組織とダッシュボードを含みます。組織のリソースは有限なため、他に重要なものが出てきていたり、このKPIが今の水準で十分かつ維持されそうな場合は、体制を解散します。ダッシュボードは作成手順を記録し、削除します。これが適切に行われないと、不要なダッシュボードや、人の異動でメンテナンスできないダッシュボードが負債として残ってしまいます。

memo

KPIは領域によって異なります。一般的なKPIをひとまず知りたい場合は、「KPI大全(東洋経済新報社)」を一読し、手元に置いて必要な時に参照すると良いでしょう。
各種KPIの詳細に関しては、分野ごとに書籍が存在します。例えばマーケティングに関しては「データドリブンマーケティング(ダイヤモンド社)」が有名です。Webサービスやアプリの運営に関しては「リーンアナリティクス(オライリー)」があります。そして、セールスマーケティングに関しては「THE MODEL(翔泳社)」があります。
KPIを用いたマネジメントの体制を作るという点では「KPIで必ず成果を出す目標達成の技術(日本能率協会マネジメントセンター)」などを参考にしてください。

2▶3 KPIの分析

ここでは前節に引き続き、KPIを扱っていきます。モニタリングをするだけではなく、複数のKPIの扱いや、改善のための分析について述べていきます。

KPIの分析と利用ケース

多くの現場では、データ分析といった時に行われるのがKPIの分析です。現状を把握し続けるためや、すでに対策を行なっている場合は、前節のモニタリングが適しています。対して、実際にKPIをよくする実務（施策などと呼ばれます）を行う場合、どれを良くするべきなのか、どうやって良くすべきなのかを検討する必要があります。その際に、KPIを比較したり、分解することで検討の材料にするためにKPIの分析が行われます。

特にこうした業務を中心に働く人をアナリストと呼ぶことがあります。

KPIの分析とは何か

本項では、KPI分析に必要な知識をプロセスに基づいて、説明していきます。まず、KPIの分析は以下のようなプロセスで行われます

1. KPIの関係性を捉える
2. 課題を発見する
3. 課題の解像度を上げて、解決策を検討する

◆ KPIの関係性を捉える

KPIは複数あることが一般的です。そこで、まずはKPIを洗い出し、関係性を明らかにすることで整理を進めていきます。こうすることで、事業や業務の動きを定量化し、どんな構造になっているかを把握することが可能になります。また、関係性が明らかになれば、一部のKPIの数値から、他のKPIを予測して、運営に活かすことができるようになります。

複数のKPIの関係性を整理する方法で代表的なものはツリー構造です。各KPIを重要なところから、順に階層で並べていく方法です。このとき、一番上に来るKPIを**成果KPI**や**KGI(Key Goal Indicator)**と呼び、動かす目標とします。

関係性のつなぎ方は大きく分けると3つあります。その3つとは、**四則演算**でつなぐ、**相関**や**因果**でつなぐ、**CSF(Critical Success Factor)**でつなぐになります。

四則演算は、上位のKPIを下位のKPIの計算で表現します。例えば、売り上げであれば、顧客単価と顧客数の掛け算で表現する形です。四則演算でつながるので、つながりを疑う必要がなくわかりやすいのが特徴です。その反面、行動に起こす際にどうしたらいいのか、というのを考えるのが難しくなります。

相関や**因果**でつなぐ場合は、仮説で影響を与えてそうな要因を考え、データ分析をすることで検証した結果をつなぎます。例として、広告の投下予算と売り上げの関係性などがあげられます。四則演算では直接的な関係がない場合は説明が難しくなりますが、こちらは説明することが可能になります。ただし、関係性の正しさや納得感のある前提を組織で揃えるのが難しくなります。

最後の**CSF**で繋ぐ場合、やるべきと考えていることでKPIが繋がります。まず、上位のKPIを上げるためには、どのような業務や試みを行う必要があるか考えます。そして、その業務の進捗を表現するKPIをつなぐというものです。これは組織の実際の行動に近い形でKPIを表現できます。これは組織の戦略の影響を受けるため、そこがしっかりしていないと作ることができません。

KPIツリー

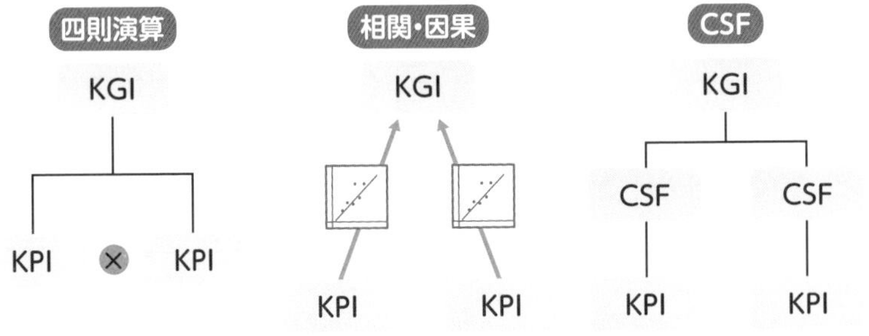

課題を発見する

KPIの関係性を整理しつつ、どこに問題があるのかを探していきます。なお、細かい言葉遊びですがこうして発見された問題のうち、やるべきだと考えられたものを課題と呼び、区別します。

問題点は理想を設定し、それと現状を比較することで発見していくことが一般的です。このとき大事なことは、理想がどのようなものなのか、ということです。例えば、計画値が与えられているのか、過去の傾向から考えられる予想値なのかとか、現状よりも高い数値であればいいのか、どんな理想なのかということです。

問題があるKPIがあった場合、コントロールできそうなレベルまで、前項の関係性を意識しながら分解していきます。コントロールできそうというのは、自分たちが動かせる手立てを持っているか、ということです。

また、コントロールできるかに加えて、インパクトが大きいか、動く余地が大きいかも意識して見ていくと良いでしょう。例えば、利用者のクレームをなくす場合、理想として0件を目指すことは良いです。しかし、月に1件しかきていない場合、インパクトは小さく、動く余地も少なくなります。こうした場合は、他のKPIを分析した方が良いでしょう。ただし、こちらもクレーム対応をしている方の熱意などを考えると、インパクトがないから重要ではないといった言い方はしないほうが良いでしょう。

◆ 課題の解像度を上げて、解決策を検討する

問題点を洗い出し、課題が決まった場合、その解決策を検討します。ここで、「Aという課題があるのでAを良くする」という提案にとどまらないようにすることが重要です。

ここでの分析方針は2つあります。一つは上手くいっているパターンを見つけて、それに合わせるようにするために**うまくいっているパターンを探す**、というものです。もう一つは、KPIを作り出す構造を分解して、**悪い部分を見つけて、そこに施策を実施する**、というものです。

1つ目の良いところを見つけるのは、**データを可視化したり、定量化することで平均から離れた外れ値を見つける**ことで行います。

2つ目の悪い部分を見つけるというのは、**ボトルネックを見つける**と言います。ここでによく用いるのは、ゴールに向かって段階を切る**ファネル分析**や、属性で分ける**セグメント分析**、時間経過で分ける**コホート分析**などです。

KPI分析

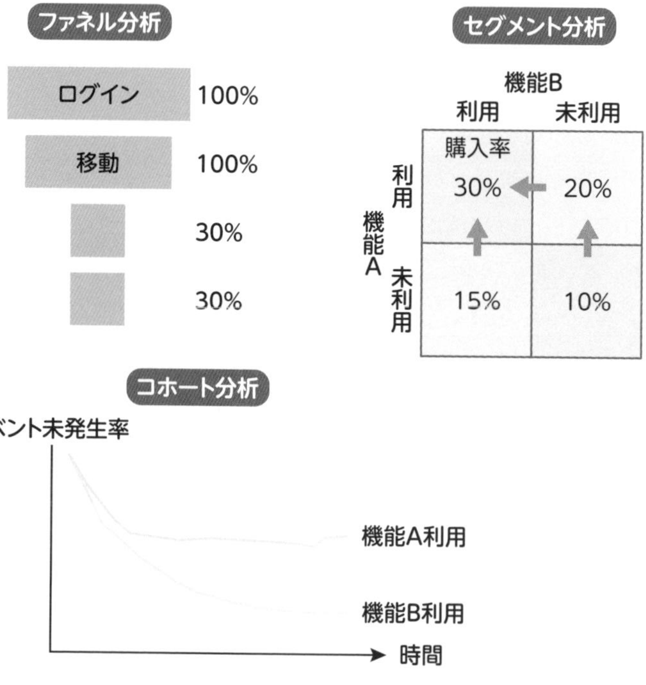

作成するダッシュボード

ここでは、1章で利用したテイクアウトアプリのデータを用いていきます。利用ケースとしては、このアプリ全体のKPIのアナリストとして、課題を探していきます。

上段にはKPIツリーが配置されており、下段には今回課題だと捉えられた部分の分析を配置しています。

ダッシュボード KPIの分析

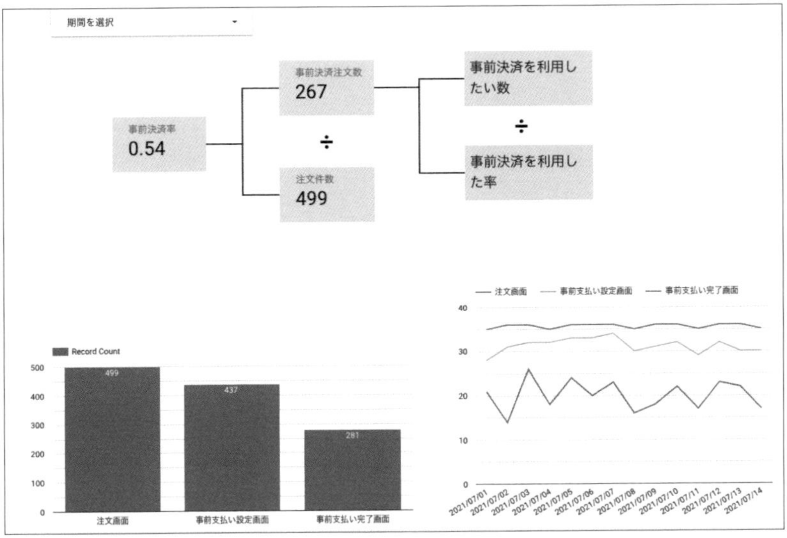

ハンズオン

それでは上記のプロセスに基づいて、ダッシュボードを構築していきます。まず1章で利用したデータからKPIツリーを作っていきます。そこから解像度をあげるために、アプリ内の利用ログデータを追加し、課題の解像度を上げていきます。

ここでは、3つのデータを使います。

・テイクアウトアプリ_注文データ
・テイクアウトアプリ_行動データ
・テイクアウトアプリ_行動マスター

1つ目は今まで使い慣れた注文データです。これを用いてツリーを作っていきます。もう2つはユーザの行動を分析するためのデータです。1つ目はアクセスログと言い、ユーザが画面を表示すると記録されるデータです。ここの画面にファネルの情報をつけて、さらに将来もメンテナンスしやすくするために行動マスターと言うデータを結合していきます。

ダッシュボードを作るまでの関係性は以下のようになります。

スプレッドシート構成 KPI分析

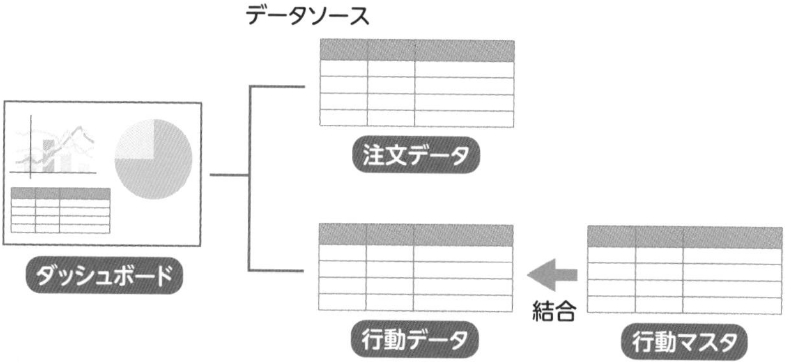

それでは、スプレッドシートのデータを確認してみましょう。

行動データは1番右の列が入力されていません。ここに上記の図のように行動マスターからファネル番号を取得します。

スプレッドシート 行動 加工前

ユーザーid	注文日	時刻	画面	ファネル番号
u0001	2021/7/1	8	事前支払い完了画面	
u0001	2021/7/1	8	事前支払い設定画面	
u0001	2021/7/1	8	注文画面	
u0002	2021/7/1	10	事前支払い完了画面	
u0002	2021/7/1	10	事前支払い設定画面	
u0002	2021/7/1	10	注文画面	
u0003	2021/7/1	8	事前支払い完了画面	
u0003	2021/7/1	8	事前支払い設定画面	
u0003	2021/7/1	10	事前支払い設定画面	
u0003	2021/7/1	8	注文画面	
u0003	2021/7/1	10	注文画面	
u0005	2021/7/1	11	注文画面	
u0010	2021/7/1	13	事前支払い設定画面	
u0010	2021/7/1	13	注文画面	
u0011	2021/7/1	20	事前支払い完了画面	
u0011	2021/7/1	9	事前支払い完了画面	
u0011	2021/7/1	9	事前支払い設定画面	
u0011	2021/7/1	20	注文画面	
u0011	2021/7/1	9	注文画面	
u0013	2021/7/1	10	注文画面	

行動マスターは画面名とファネル番号を記載したシンプルなものです。ここを更新することで行動データを変えずメンテナンスすることができます。

スプレッドシート 行動マスター

画面名	ファネル番号
事前支払い完了画面	3
事前支払い設定画面	2
注文画面	1

行動データシートに図のようにvlookupを入力し、情報を転記します。

スプレッドシート vlookup ファネル

```
=VLOOKUP(D2,'テイクアウトアプリ_行動マスター'!$A$1:$B$4,2,0)
```

一番下までコピーすると以下のようにシートが埋まります。

スプレッドシート 行動 入力後

ユーザーid	注文日	時刻	画面	ファネル番号
u0001	2021/7/1	8	事前支払い完了i	3
u0001	2021/7/1	8	事前支払い設定i	2
u0001	2021/7/1	8	注文画面	1
u0002	2021/7/1	10	事前支払い完了i	3
u0002	2021/7/1	10	事前支払い設定i	2
u0002	2021/7/1	10	注文画面	1
u0003	2021/7/1	8	事前支払い完了i	3
u0003	2021/7/1	8	事前支払い設定i	2
u0003	2021/7/1	10	事前支払い設定i	2
u0003	2021/7/1	8	注文画面	1
u0003	2021/7/1	10	注文画面	1
u0005	2021/7/1	11	注文画面	1
u0010	2021/7/1	13	事前支払い設定i	2
u0010	2021/7/1	13	注文画面	1
u0011	2021/7/1	20	事前支払い完了i	3
u0011	2021/7/1	9	事前支払い完了i	3
u0011	2021/7/1	9	事前支払い設定i	2
u0011	2021/7/1	20	注文画面	1
u0011	2021/7/1	9	注文画面	1
u0013	2021/7/1	10	注文画面	1
u0014	2021/7/1	20	事前支払い完了i	3
u0014	2021/7/1	20	事前支払い設定i	2
u0014	2021/7/1	20	注文画面	1
u0018	2021/7/1	10	事前支払い設定i	2
u0018	2021/7/1	10	注文画面	1
u0021	2021/7/1	8	事前支払い設定i	2

行動データの加工が完了しました。

1. KPIツリーを作る
2. 解像度を上げていく

1.KPIツリーを作る

まず、ダッシュボード上段のツリーを作っていきます。

新しいダッシュボードを作成し、データを読み込みます。スプレッドシートを選択し、テイクアウトデータを選択してください。

Data Portalの自由な配置を利用して、ツリー構造にしていきます。ここではKPIツリー用に以下のスコアボードを追加していきます。

グラフの種類	指標	ディメンション	フィルター設定
スコアカード	事前決済率(平均)	なし	なし
スコアカード	注文数(合計)	なし	なし
スコアカード	事前決済フラグ(合計)	なし	なし

まず、1つ設定します。ツールバーから「グラフを追加」をクリックします。グラフの中からスコアカードを選択します。追加されたグラフをクリックし、グラフ設定を右側に表示します。使用可能な項目から対象をドラッグアンドドロップし、指標は事前決済率の平均と設定します。

グラフ設定 スコアカード

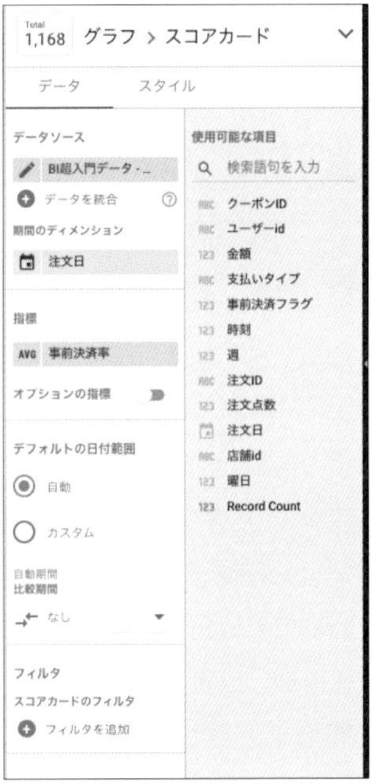

同様にスコアカードを2つ追加します。指標はそれぞれ注文数の合計、事前決済フラグの合計にします。

また、ツールバーから、文字オブジェクトを2つ、これらをつなぐカギ線コネクタを追加します。

カギ線コネクタ

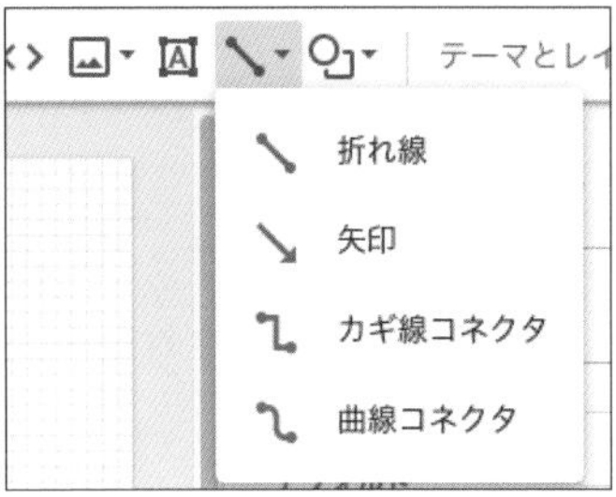

スコアカードと文字オブジェクトのスタイルを以下のように設定します。

グラフ設定 スコアカード

KPIの関係性を可視化しました。既存のデータで定量化できるところには数値が入っています。今後データが増えた場合、更新されていきます。コントロールを追加することで期間の値を変換することも可能です。

2.解像度を上げていく

ここからは定量化できていないKPIを別のデータで可視化していきます。それにより、問題の解像度を上げていきます。以下の2つのグラフを作成します。

グラフの種類	指標	ディメンション	フィルター設定
棒グラフ	Record Count	画面	なし
折れ線グラフ	Record Count	注文日、画面	なし

まず「データの追加」を選択し、スプレッドシートを読み込みます。シートはアプリ行動ログを選択してください。

このユーザーの行動データをもとに、ファネルチャートに類似したものを棒グラフで作成します。

ツールバーから「グラフを追加」をクリックします。グラフの中から棒グラフを選択します。追加されたグラフをクリックし、グラフ設定を右側に表示します。使用可能な項目から対象をドラッグアンドドロップし、ディメンションを画面、指標をRecord Countと設定します。並び順にファネル番号を追加します。

グラフ設定 棒グラフ

最後に、日付ごとにさらに分解するため、折れ線グラフも追加します。上記の棒グラフと設定内容はほぼ同じで、グラフが折れ線、ディメンションが1つ増えています。ツールバーから「グラフを追加」をクリックします。グラフの中から折れ線グラフを選択します。追加されたグラフをクリックし、グラフ設定を右側に表示します。使用可能な項目から対象をドラッグアンドドロップし、ディメンションを注文日、内訳ディメンションを画面、指標をRecord Countと設定します。

ダッシュボードKPIの分析

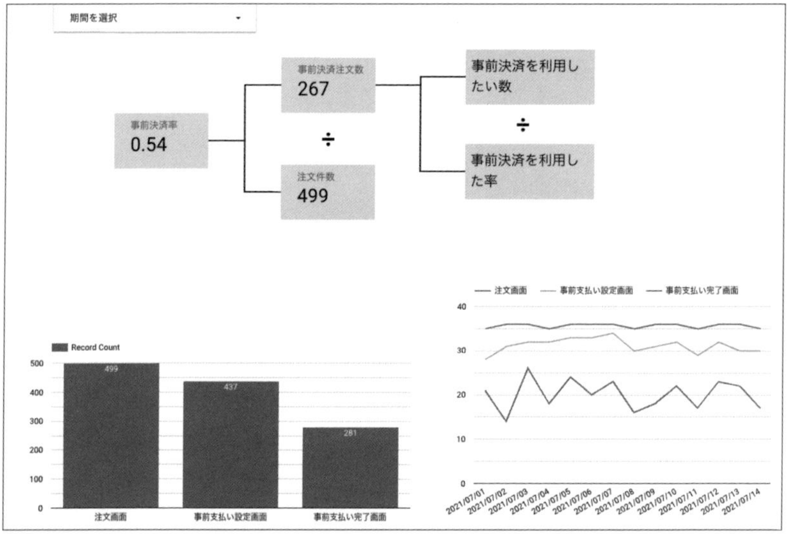

追加された棒グラフを見ることで、ユーザーの画面を進んでいく動きが確認できます。動きが確認できれば、どこで多く止まっているかを確認できます。この止まっているところが、ユーザー行動を妨げているところです。このように問題点を判断できるようになりました。

今回は、事前決済完了画面に進む際に問題がありそうです。事前支払い設定画面に進んだ場合、事前決済に支払いを利用したい層であると考えられます。この注文画面から事前支払い設定画面に進んだ数より、設定画面から完了画面に進んだ割合の方が少なそうです。これにより、ユーザは事前決済率を使いたくないわけではなさそう、と考えられます。つまり、使おうとその画面に入っているが、完了できておらず、その画面が使いにくい可能性が考えられます。

memo

事業をKPIで構造化し、マネジメントしていくということに関しては、「DMM.comを支えるデータ駆動戦略(マイナビ出版)」が網羅性が高くなっています。計画を立てると言った実務面では「エクセルで学ぶビジネス・シミュレーション超基本(ダイヤモンド社)」が参考になります。

2-4 意思決定のための分析

ここでは意思決定にデータを用いるケースについて述べていきます。意思決定とデータ分析の関係について述べた後、良い意思決定という目線から、そのプロセスについて説明します。

意思決定の支援と利用ケース

データ分析の目的は意思決定に貢献することと、述べられることがあります。ここでいう意思決定とはどんなものでしょうか。そして、なぜデータ分析が意思決定に貢献するのでしょうか。

前節では、KPIを設定し、それを分解することで問題の解像度をあげ、どこにアプローチが必要かを特定していきました。次に重要なのは、何をすべきかを決め、それを実行し続けることにあります。この、何をすべきか決める、実行し続けるの両方で意思決定が行われています。

意思決定には**戦略的な意思決定**と**オペレーショナルな意思決定**の2つがあると言われています。前者は中長期の視点からの判断であり、後者は短期的な視点での意思決定です。前者では方向性を大きく決めるため、長期的に取り返しのつかない影響を与えることがあります。同様に後者は短期的に繰り返し行われ、一つ一つの影響は小さくても、積み上がると大きな失敗につながる可能性があります。

こうした意思決定を行う際に、過去のデータを用いることで、選択肢ごとのリターンがどれくらいか、を見積もることができるようになります。これを比較することで、選択肢に優先度といった重みを持たせることが可能になり、より良い選択が可能になるのです。そして、このように、使用するデータ、決定のプロセス、決定の基準が整備されていれば、経験の浅い人間でも良い意思決定が可能になります。こうした状態がデータ分析が意思決定に貢献している状態の一例といえるでしょう。

良い意思決定をするために

ここでは、意思決定のプロセスを確認していきます。そして、このプロセスをうまく回すために必要なことについて述べていきます。最後に本節のテーマにもなりますが、良い意思決定にデータで貢献する方法を考えます。

意思決定のプロセスは以下のように分けることができます。

意思決定のプロセス

1. 意思決定の評価軸と基準を決める
2. 選択肢を洗い出す
3. 選択肢の評価軸を埋める
4. 比較し、基準に基づいて決める

このプロセスで特に重要なのは前半です。評価軸、基準、選択肢が揃っていなければ、後半のプロセスは始められないためです。というのも、1と2が全く行われなかった場合、3でたくさんのデータを分析しても、何も決められません。その場合、データ分析が無駄に終わってしまいます。さらに1と2が曖昧なまま進んだ場合、いつまで経っても決定が行われず、3の分析をし続けなくてはいけないこともあります。

ところで、良い意思決定のためにデータやBIツールが貢献できる部分はどこでしょうか。

データは物事を定量化できるため、評価軸を埋めることに利用できます。つまり、データそのものが貢献するのは上記の意思決定プロセスの3の部分です。

さらに、BIツールでデータの表示を自動化することができるので、効率化も可能です。つまり、上で述べたデータによって評価軸を埋めることを自動で行えます。そうすれば、基準に基づいて決めるための材料がほぼ自動で集まります。4にも貢献することが可能そうです。

このように、後半2つのプロセスは、データ分析やBIツールで良くすることができそうです。

また、重要な評価軸や基準を作る際にも、データ分析や統計の考え方を用いることが可能です。

分析で評価軸や基準を作る場合、発生確率と得られる利益（または損失）の掛け算を使うことができます。発生確率も得られる利益も、過去のデータから算出することが可能です。

例えば本節のケースでは、予定時間から何分かたった時に、それ以後に商品を取りに来ない確率を考えます。これに選択肢の結果の利益を定量化して掛け算することで、得する基準値が見えてきます。

良い意思決定は、将来に得をすることに繋がります。データで過去を分析することで、発生確率を見積もることができます。そうすることで、未来で起こりそうなことを知ることができます。これを期待値に変換することで、どの選択肢が得をしそうか数値で考えることができるようになるのです。

作成するダッシュボード

ここでは実際にオペレーショナルな意思決定を想定し、それに必要なデータ分析を行います。具体的なケースとして、店舗から見た、テイクアウトのキャンセル判断のタイミングを検討する分析を行います。テイクアウトの申し込みをしても、何割かの人は取りに来ないと考えた場合、スペースの面や管理システムの面からお店は廃棄やキャンセル処理を行う必要があります。この適切な閾値をデータから見つけるのが目標となります。

作成するダッシュボードは下記の通りです。上段では過去のデータから、ある時間で判断した場合、誤った判断をする割合を示しています。中段ではその閾値を検討するためのインタラクティブなグラフを、下段ではその判断に使うためのデータ全体を表示しています。

ダッシュボード 意思決定

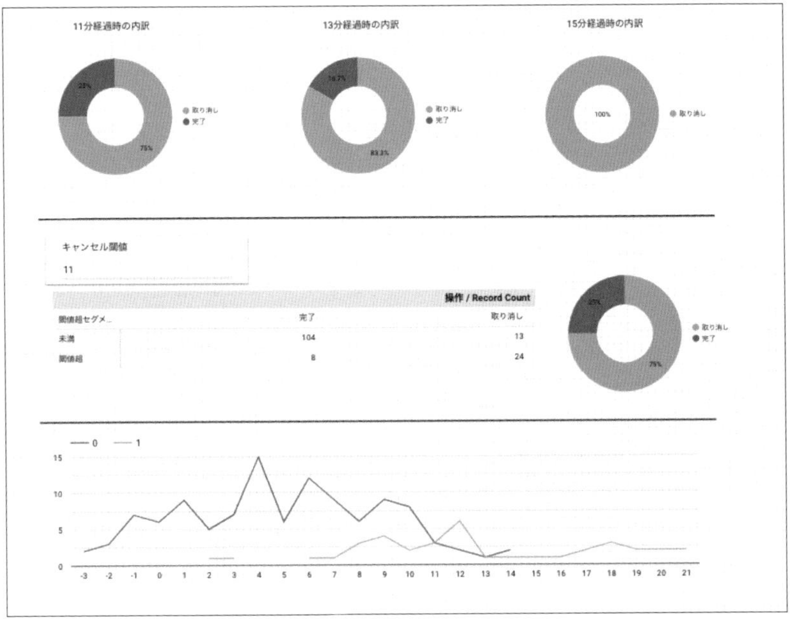

ハンズオン

ここで使用するデータは1つだけです。

・テイクアウトアプリ_注文完了ログ

このデータは、受け渡しの予定時間、実際に受け取りに来たか（来ずにお店側がキャンセル操作をしたか）、受け取りかキャンセル操作がされた時間が記録されています。

ダッシュボードの作成手順

1. データの読み込みとグラフの作成
2. コントロールと入力の追加
3. 上段のグラフの作成

1. データの読み込みと全体の把握

新しいダッシュボードの作成を行います。今まで同様にデータソースはスプレッドシートを読み込み、テイクアウトアプリ_受取データシートを読み込みます。今回はこのデータのみを用います。

ここでは、まず、経過時間ごとに差があるか確認するグラフを作成します。これを参考に、キャンセル判断の閾値を決定します。

グラフの種類	指標	ディメンション	フィルター設定
折れ線グラフ	Record Count	受取り予定時間、キャンセルフラグ	なし

ツールバーから「グラフを追加」をクリックします。グラフの中から折れ線グラフを選択します。追加されたグラフをクリックし、グラフ設定を右側に表示します。

必要なフィールドを作成します。「フィールドを追加」をクリックし、下図のように設定、保存します。

フィールド キャンセルフラグ

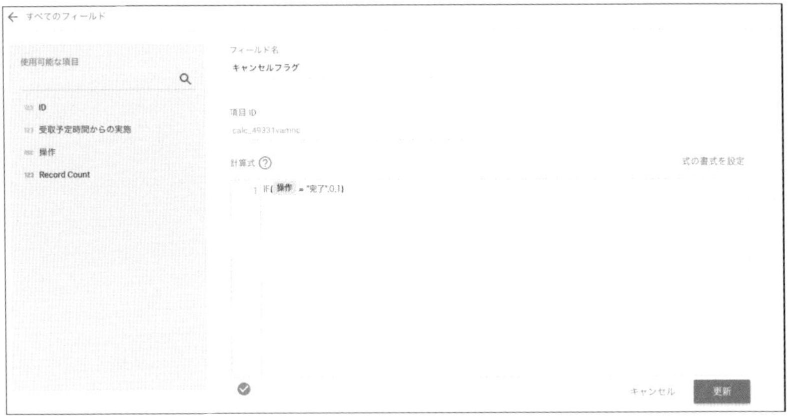

使用可能な項目から対象をドラッグアンドドロップし、ディメンションを「受けとり予定時間からの実施」、内訳ディメンションを「キャンセルフラグ」、指標を「Record Count」と設定します。並び替えは「受け取り予定時間からの実施」にします。

グラフの設定 折れ線グラフ

これで、時間経過と取りに来たか（キャンセルされたか）の関係性がわかるようになりました。操作が入れ替わったタイミングを閾値にすると良さそうです。

💬 グラフ 折れ線グラフ

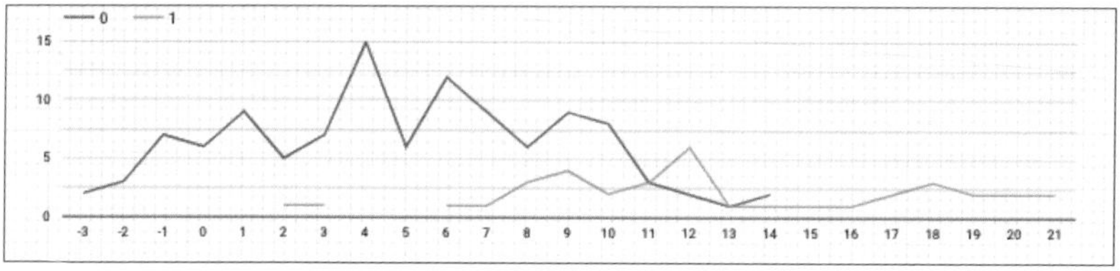

◆ 2.シミュレーションの作成

続いて、判断に使うための、中段のシミュレーションを作成していきます。

まず、閾値を動的に変えて試せるようにするため、パラメータを作成します。適当なグラフを選択し、「パラメータの追加」を選びます。設定画面が開いたら、下記のように入力します。デフォルト値は上記の折れ線グラフを参考に11にしました。

💬 閾値パラメータの設定

```
←   すべてのフィールド

パラメータ ?

┌─ パラメータ名 ─────────┐  ┌─ パラメータ ID * ──────┐
│  キャンセル閾値         │  │  TH                  │
└──────────────────┘  └──────────────────┘

┌─ データ タイプ ──────────────────────────┐
│  数値（整数）                          ▼  │
└──────────────────────────────────┘

使用可能な値

( ● ) 任意値    ( ○ ) 値の一覧    ( ○ ) 範囲

┌─ デフォルト値 ───────────────────────────┐
└──────────────────────────────────┘
```

続いて、今作成したパラメータを用い、以下の2つのグラフを作成します。

グラフの種類	指標	ディメンション	フィルター設定
ピボットテーブル	Record Count	閾値超えセグメント、操作	なし
円グラフ	Record Count	操作	受取り予定時間が閾値以上

まず、ピボットテーブルを追加します。ツールバーから「グラフを追加」をクリックします。グラフの中からピボットテーブルを選択します。追加されたグラフをクリックし、グラフ設定を右側に表示します。

ピボットテーブルに使うカラムを作成します。フィールドを追加をクリックし、追加画面に以下のように設定します。

閾値による判断フラグ

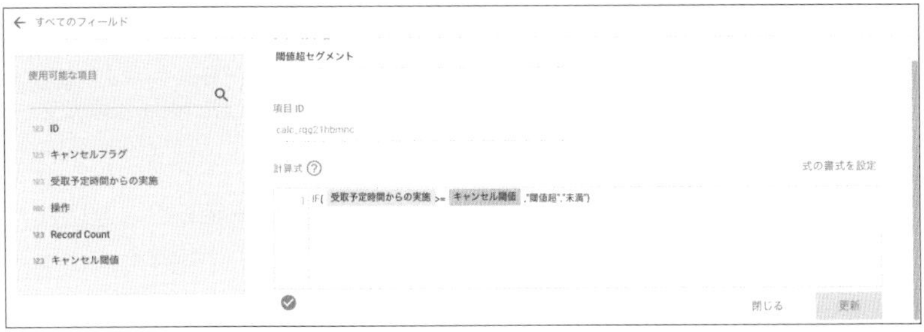

完了ボタンを押し、ピボットテーブルを設定します。使用可能な項目から対象をドラッグアンドドロップし、行のディメンションに「閾値超セグメント」、列のディメンションを「操作」、指標を「Record Count」と設定します。

グラフ設定 ピボットテーブル

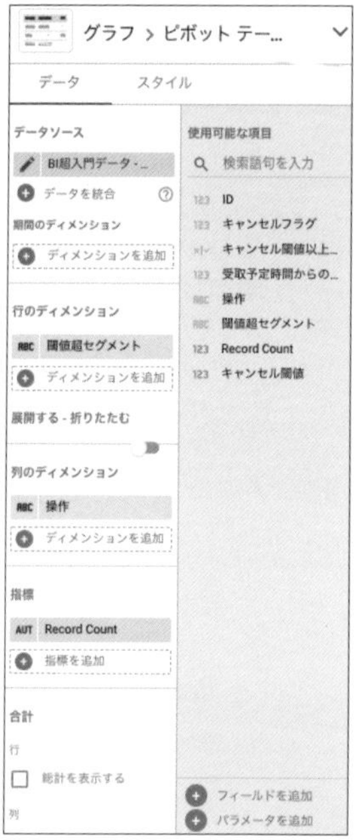

こうすることで、閾値のところでキャンセルを決定した場合、過去データでどれくらい想定した結果になるのかを見ることができます。すなわち、閾値より時間がかかっている場合、もう来ないと判断したことになります。この時、列が「取り消し」が、想定通りキャンセルで済んだ注文であり、「完了」の場合はその後取りに来てしまい作り直しになる件数です。

次にこれをもう少しわかりやすくするために、興味のあるキャンセルを選んだ場合の取り消しの割合（=成功の割合）を円グラフで表現します。ツールバーから「グラフを追加」をクリックします。グラフの中から円グラフを選択します。追加されたグラフをクリックし、グラフ設定を右側に表示します。使用可能な項目から対象をドラッグアンドドロップし、ディメンションを「操作」、指標を「Record Count」と設定します。

グラフ設定 円グラフ

続いて、フィルターの設定を行います。まず、フィルターに使うフィールドを作成します。

「フィールドの追加」を押し、次の図のように設定します。

フィールド 閾値

次に、「フィルタの追加」を押します。表示された画面で図のように設定します。

フィルター 閾値

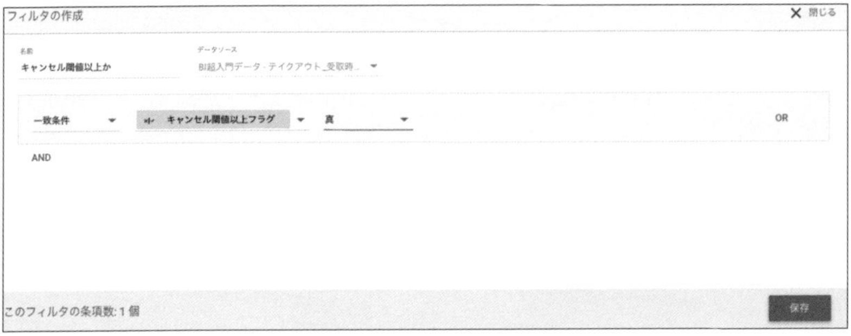

最後にシミュレーション用の入力用にコントロールを追加します。ツールバーのコントロールの追加から、入力ボックスを追加します。閾値パラメータと連動するように設定します。

コントロール

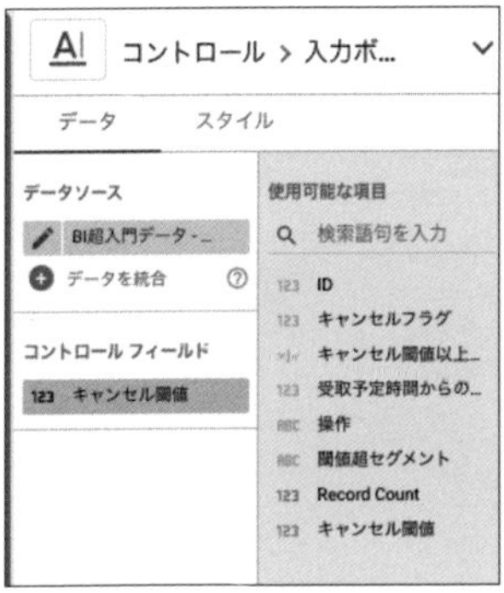

3. 上段のグラフの作成

最後に、上段に判断タイミングごとに、結果がどう変わるのかを表示していきます。これは中段のシミュレーションや下段の折れ先グラフを見ずに時間ごとに判断材料に使うものになります。すでに作ったドーナツグラフと同様のものを、以下のようにフィルターを変えて3つ作ります。

グラフの種類	指標	ディメンション	フィルター設定
円グラフ	Record Count	操作	受取り予定時間が11以上
円グラフ	Record Count	操作	受取り予定時間が13以上
円グラフ	Record Count	操作	受取り予定時間が15以上

2で作った円グラフを右クリックし、複製します。または、ツールバーから「グラフを追加」をクリックします。グラフの中から円グラフを選択します。追加されたグラフをクリックし、グラフ設定を右側に表示します。使用可能な項目から対象をドラッグアンドドロップし、ディメンションを「操作」、指標を「Record Count」と設定します。この手順をあと2回繰り返します。

グラフ設定 円グラフ

「フィルタを追加」を押し、新しいフィルターを作ります。以下のように設定します。

フィルター設定

先ほど作ったフィルタと異なり、受取予定時間が11以上と固定になっています。これをドーナツグラフの1つに設定します。他のドーナツグラフをクリックし、さらに新しいフィルターを作成します。条件の期間を11ではなく13にし、設定します。再度別のドーナツグラフを選び今度は条件を15にして、設定します。これでフィルターの異なる3つのグラフを上段に設定できました。

最終的にラベルなどを整理し、冒頭のダッシュボードのように整えます。

ダッシュボード 意思決定

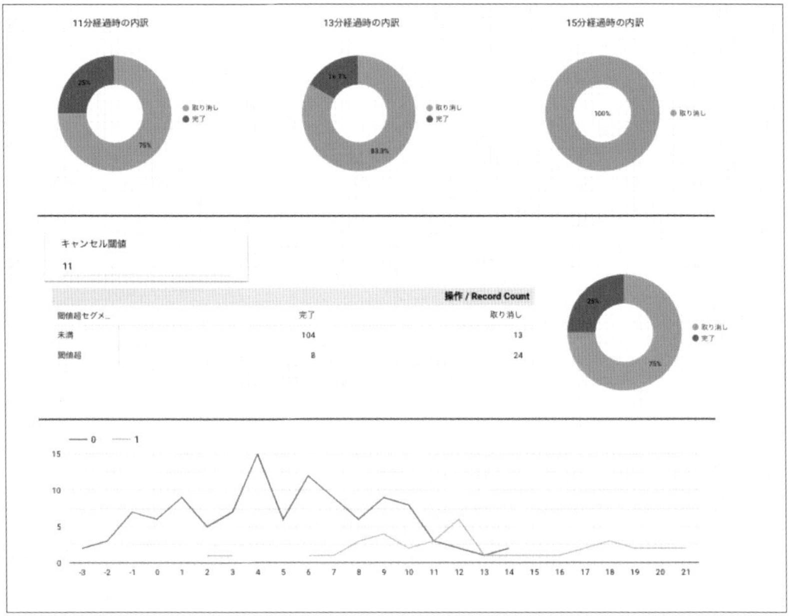

これらを見ると、過去データから考えるに安心してキャンセルできるタイミングは15分以降ということになります。まずは15分待つべきという規則が作れそうです。

また、何らかの理由で早くキャンセルしたい場合の検討にも使えそうです。検討の際に判断材料がないと、水掛け論になってしまいます。しかし、このダッシュボードを見ることで、時間ごとの失敗率がわかります。その失敗率による損失の期待値と、成功した場合の期待値を比較することができます。この比較で得をすると判断できるのであれば、15分以内でもキャンセルすることができます。

さらに、その判断を注文ごとに変えるサポートにも使えるかもしれません。その場合は、ダッシュボードをリアルタイムで更新し、注文ごとの期待値と基準の差を表示するようにすると良いでしょう。

このとき、期待値は以下のような式で説明できます。

期待値 = 注文金額 × キャンセル率

期待値　　　：ある注文レコードが予定時間からn分たった場合の期待値

注文金額　　：そのレコードの注文金額

キャンセル率：n分経過以降のレコードのキャンセル率

補足：意思決定にデータを使うことについて

意思決定にデータ分析を組み込んでいく場合、使い方を考慮する必要があります。例えば、ダベンポートは自著にて、以下の3つのパターンを考慮するように述べています。

1. 意思決定の自動化
2. 意思決定の半自動化
3. 意思決定の参考材料

これは完全なルールで表現できるのであれば1にすることができるが、そうではなく、データなどが集まらない場合は3を選択する必要などがあるためです。特に、データが少なく、経験が豊富な人が意思決定する場面では、データよりもそちらが重視されることもあります。このように全ての場合においてデータによる意思決定が勝るわけではありません。

こうしたデータが意思決定に貢献できる場面は、データによって不確実性を下げることができる場面を指します。学者のフランクナイトは、わからないことを不確実性とリスクに切り分けました。すなわち、発生する確率などがわからない状態を不確実性と考え、確率などで定量化できる状態をリスクと呼びます。データを用いるということは、過去のデータに基づき、発生確率を扱えるようにする試みです。発生確率がわかれば、不確実な意思決定から、リスクを考慮した意思決定に変えることが可能になるということです。

そして、統計学を学ぶメリットの一つとして、リスクをより定量的に扱えるようになります。例えば、簡単なところでも、今回のように割合と確率を用いたり、標準偏差などが存在します。

memo

リスクを考慮した意思決定に関しては、「定量分析実践講座(ファーストプレス)」などを参考にしてください。本節で扱った確率的な意思決定に関しては「スケーラブルデータサイエンス（翔泳社）」をもとにしています。より詳細な部分に興味があれば、こちらも参照してみてください。その他、意思決定へのデータ分析活用の企業への導入に関しては「分析力を駆使する企業(日経BP)」が非常に参考になります。

2▸5 業務情報を検索するダッシュボード

ここでは、より細かいレベルでの情報探索にBIツールを使うケースを紹介します。その際、業務改革に情報システムを使う際のプロトタイプとしてBIツールを使うケースと地理情報の扱いに関して基礎知識を学べるようにしました。

業務情報システムと利用ケース

ダッシュボードには集計された情報などを表示することが一般的です。しかし、ビジネスにおいては1つのレコードに素早くアクセスする業務などがありますが、それら全てに専用のシステムを構築するのはコストの観点から非常に難しくなります。そうした際にBIツールを用いると、簡易なシステムを素早く構築することが可能になります。

業務情報システムとは

人間の情報探索のプロセスはケースバイケースなものとなりがちです。こうしたデータへのアクセスで良い形は状況によります。例えば、対象がはっきりしていて初めから1つのレコードを詳細に表示してくれればよい場合もあれば、徐々に絞り込んでいったり、行きつ戻りすることもあります。そこで、ブラウジング、検索および、質問のための情報収集ができるようにするのを本節のダッシュボードのゴールにしてあります。

こうしたダッシュボードを作ることには、2つのメリットがあります。1つ目は経験に変わる情報の伝達です。蓄えたデータを用いることで、経験がない人が参加した場合や新しい市場への参画時に経験による勘が働かなくても、意思決定に失敗しにくくなります。

もう一つは組織内で見ているデータを統一化できることです。現場では同じユーザーや、似た業務をやっているにもかかわらず、そのデータが散在していることがあります。そういった場合に、全員が同じツールを参照し、そこにデータを統合していくことで、組織や業務間のやりとりを減らすことができます。

ダッシュボードではUIに注目しがちですが、上記のような、データ統合を進めていくことは非常に重要です。こうした組織で信用できる唯一のデータソースを作り、そこにアクセスしていくことが重要で、色々な呼び名があります。例えば、MDM(Master Data Management)やSSoT(Single Source of Truth)、参照データ管理と呼ばれます。そうした取り組みは組織の情報アクセスを整えていく上で非常に重要です。

さらに上記のメリットを得られるまで業務とデータが接続されると、その先にAIを用いた大きな業務改革が見えてきます。これに関しては本書の内容を超えてしまいますが、ぜひそういった発展があるのだ、ということを覚えておいてください。

作成するダッシュボード

ここでは、各店舗の店員がチラシ配りをしたデータを可視化します。チラシ配りには事前の申請が必要です。そこで、各店舗の店長は次回の実施位置や実施時間を決めていく業務をしています。ただし、この業務自体は店長自体が暇な時におこなっています。そのため、情報収集などを事前にしておくのが難しく、ほぼ勘に頼っているという問題がありました。そこで、情報収集部分をシステム化しておくことで、使いたい時に使えるようにしたい、という要望があがりました。それに答えるべく、簡易なツールをお試しで作ることになりました。

作成するダッシュボードは下記のようなものです。上段には地図が表示され、過去に実施されたか否かが表示されています。下にはチラシ配りの情報が記載された表が用意されており、必要に応じて情報を検索し、レコードを絞って表示することができます。利用者は地図で全体感を把握しながら、次にチラシを配りたいエリアの過去状態にアクセスすることができます。

ダッシュボード 情報検索

	日付	曜日	場所	開始時刻	配り時間(分) ▾	チラシ枚...	配布率
1.	2020/12/21	月	横浜ベイクオーター	13	85	60	0.8
2.	2021/06/20	日	横浜そごう	14	70	10	0.2
3.	2021/07/10	土	横浜駅西口	18	70	50	0.6
4.	2020/12/05	土	横浜駅西口	10	70	30	0.4
5.	2021/01/02	土	横浜モアーズ	11	55	50	0.9
6.	2021/02/08	月	横浜そごう	8	55	100	0.9
7.	2021/03/29	月	横浜駅西口	15	55	30	0.4
8.	2021/03/05	金	横浜ベイクオーター	15	55	100	0.2
9.	2020/12/11	金	横浜駅西口	16	40	100	0.8
10.	2021/03/31	水	横浜モアーズ	10	40	80	0.8
11.	2021/06/30	水	横浜駅東口	18	40	50	0.3

ハンズオン

ここでは地理情報の可視化を行います。使用する機能は全て今まで実施してきたものですので、非常に簡単ですので、作ることよりも、ぜひ簡単な地図に情報を表示し、動かせるという体験を楽しんでください。

使用するデータは下記1つのみです。

・チラシ配りデータ

ハンズオンの手順

1. データの読み込みと地図の作成
2. その他のグラフの作成
3. コントロールの作成

1.データの読み込みと地図の作成

今まで同様に、新しいダッシュボードを作製し、スプレッドシートをデータソースとして読み込みます。対象はチラシ配りシートです。

スプレッドシート チラシ配り

	A	B	C	D	E	F	G	H
1	場所	日付	曜日	開始時刻	配り時間(分)	チラシ枚数	配布枚数	配布率
2	横浜駅西口	2021/07/10	土	18	70	50	30	0.6
3	横浜駅東口	2021/06/30	水	18	40	50	15	0.3
4	横浜そごう	2021/06/20	日	14	70	10	2	0.2
5	横浜ベイクオー:	2021/06/17	木	11	25	20	6	0.3
6	横浜モアーズ	2021/06/10	木	18	10	70	35	0.5
7	横浜駅西口	2021/05/28	金	16	35	70	50	0.7
8	横浜モアーズ	2021/05/23	日	10	20	70	63	0.9
9	横浜駅西口	2021/05/10	月	14	40	90	36	0.4
10	横浜そごう	2021/04/28	水	8	25	20	8	0.4
11	横浜ベイクオー:	2021/04/22	木	18	20	60	30	0.5
12	横浜駅西口	2021/04/12	月	16	35	20	8	0.4
13	横浜モアーズ	2021/03/31	水	10	40	80	64	0.8
14	横浜駅西口	2021/03/29	月	15	55	30	12	0.4
15	横浜ビブレ	2021/03/19	金	9	30	70	42	0.6
16	横浜ベイクオー:	2021/03/08	月	16	30	20	14	0.7
17	横浜ベイクオー:	2021/03/05	金	15	55	100	20	0.2

このシートは、過去のチラシ配りの実績が入力されています。場所や具体的な住所、何枚チラシを配ろうとしたか、何分配ったのか、何枚配れて、それが何割だったのかといった情報が記載されています。

このデータを読み込むと住所が文字列として認識される可能性があります。その場合、以下の図のように地理情報に変更してください。

データの読み込み

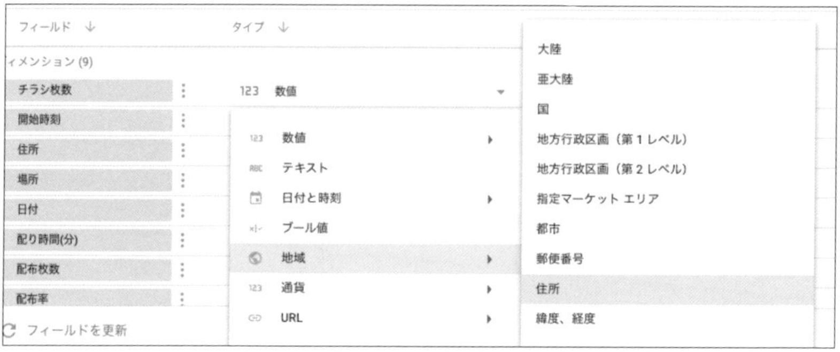

続いて、このデータを用いて、以下の地図表示を設定します。

グラフの種類	指標	ディメンション	フィルター設定
Googleマップ	Record Count	位置を住所、ツールチップを場所	なし

ツールバーから「グラフを追加」をクリックします。グラフの中からGoogleマップを選択します。追加されたグラフをクリックし、グラフ設定を右側に表示します。使用可能な項目から対象をドラッグアンドドロップし、位置を「住所」、ツールチップを「場所」、色の指標を「Record Count」と設定します。また、「interactions」も設定しておきます。

グラフ設定 Googleマップ

さらに以下のようにスタイルも調整します。

グラフ設定 Googleマップ スタイル

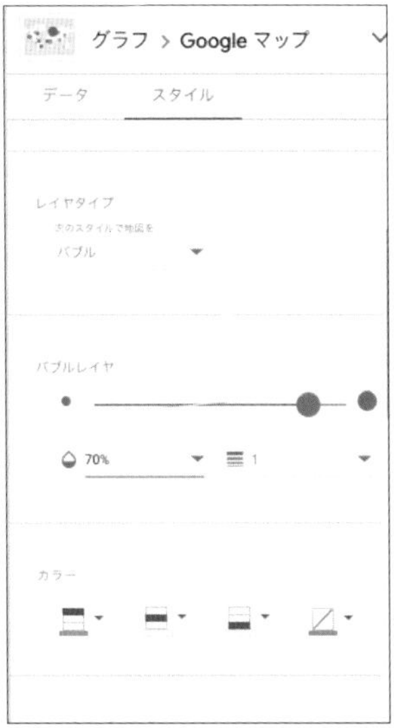

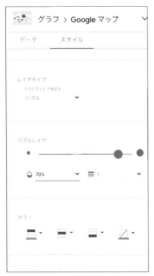

このようにGoogle Map（グラフ）では位置という要素に住所や郵便番号を選び、表示位置を定義します。ツールチップはデータのある位置を選択した時に表示される情報です。ここでは住所より場所の名前の方がわかりやすいため、場所を用いています。指標は、サイズか色の指標に入れます。指標の相対的な大きさで表示される大きさや色の濃さが変化します。

2. その他のグラフの作成

ここでは地図以外のグラフを追加していきます。各グラフはフィルターがかかっていませんが、地図のinteractions機能や次のコントロール機能で表示が変わります。

グラフの種類	指標	ディメンション	フィルター設定
スコアカード	Record Count	なし	なし
スコアカード	配り時間（分）（平均）	なし	なし
スコアカード	平均配布率（平均）	なし	なし
スコアカード	平均チラシ枚数（平均）	なし	なし
表	指標を配り時間（分）、チラシ枚数、配布率	日付、曜日、場所、開始時刻	なし

まず、データを表示する表を追加します。ツールバーから「グラフを追加」をクリックします。グラフの中から「表」を選択します。追加されたグラフをクリックし、グラフ設定を右側に表示します。使用可能な項目から対象をドラッグアンドドロップし、ディメンションを「日付」、「曜日」、「場所」、「開始時刻」、指標を「配り時間（分）」、「チラシ枚数」、「配布率」と設定します。

グラフ設定 表

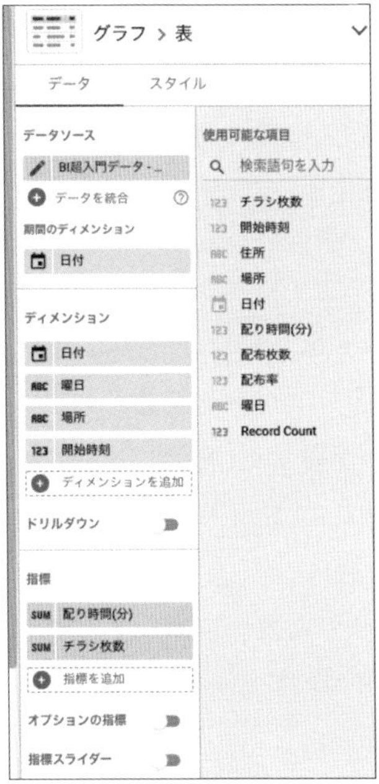

さらに、スコアコードを4つ追加します。ツールバーから「グラフを追加」をクリックします。グラフの中からスコアカードを選択します。追加されたグラフをクリックし、グラフ設定を右側に表示します。使用可能な項目から対象をドラッグアンドドロップし、指標を「Record Count」と設定します。これを3回繰り返し、それぞれ、指標を「配り時間(分)」、「平均配布率」、「平均チラシ枚数」に設定します。集計手段を「平均」にします。最初のダッシュボードの写真のように配置してください。

表示モードに切り替えて、地図を触ると表示位置の移動や、拡大縮小が行えるのがわかると思います。

3. コントロールと入力の追加

コントロールの追加から、表示期間を追加します。続けて、3つプルダウンを追加します。プルダウンには好きなカラムを選択してください。サンプルダッシュボードでは場所、曜日、開始時刻を用いています。これでフィルターをかけて、必要な形でレコードを絞ることができるようになりました。

このようにして、業務で過去のデータを検索し、情報を得ることができるシステムのプロトタイプを作ることができました。

補足：プロトタイプに関して

補足ではここで扱ったテーマである、地理データと情報検索システムの周辺知識を説明します。地理データは扱うのが難しく、専門ツールを使うほどでもないときにBIツールを使うと便利です。情報検索システムはゼロから作る場合、使われない危険性があります。その危険性をBIツールで回避できる可能性があります。最後にこうした情報検索システムが業務に与えるインパクトの可能性について説明します。

まず、**地理データとBIツール**に関してです。

実際のところ、地理データを分析で扱ったことがある人は少ないのではないでしょうか。

少ない理由は、表計算ソフトなどでは地理データを集めても扱いにくいためです。地理データとは座標や面と数値などの組み合わせのデータです。このデータは、一度加工が必要で、GISなど専門のツールで扱うのが一般的でした。

BIツールでは地理データは比較的手軽に扱うことができます。これはBIツールが地理データの描画に必要なマップや、地理データの加工を内包しているためです。このような機能のおかげで、GISほどではないにしても簡易な地理情報の可視化などが可能になります。

続いて、BIツールの使い所の一つとして**社内システムのプロトタイプ**として使うケースについてです。

システム開発で一番困るのは、作っても使われないことです。使われない原因の一つとして、使ったことがないものは想像できないということがあります。その想像を助けるために、手軽に試せるものが作れるプロトタイプ作成は重要です。

「社内システムにして、使われるのか」の検証にBIツールが使われることがあります。サンプルデータを流し込めば、実際に触れるものが作れるため、実業務の中で試しに使い、役に立つかの検証に用いることができます。検証で、画面や加工のロジックで気に入らないところがあれば、すぐに直すことができます。

この時に、BIツールの埋め込み機能も便利です。埋め込み機能はBIツールで作った画面を、他のアプリなどに埋め込み、その一部にする機能です。この機能を使うことで、普段使い慣れた社内システムとBIツールを組み合わせて社内システムの情報表示を手軽に改善することができます。

最後に、**情報検索システム**を便利にした場合のメリットです。情報検索システムの強化をすることでデータによる業務改革にも挑戦できます。

情報検索システムの機能の向上は業務改革につながります。業務改革とは業務が完全に自動化されるなど、抜本的な改革です。この抜本的な改革はBAMなどの業務改「善」とは区別されます。業務改善は業務のKPIを設定し、それを維持したり、徐々に良くすることです。対して、AIなどで情報検索システムを強化し、利用者の意思決定を自動化すれば、業務そのものをなくせる改革が行えます。

業務改革の例として、コールセンターで電話がかかってきた場合を想定します。このとき、一般的な業務では電話で聞いた情報を元に検索をかけ、困っていることへの解決策をFAQなどを検索し、説明していきます。この時、コールセンターのメンバーのスキルによって、検索に必要な情報がうまく集められないこともあるかもしれません。しかし、かかってきた電話番号を元にAIが直前にそのユーザーの行動を分析するツールであったとします。そうすることで、ユーザーの困りごとを予測し、メンバーに提案する機能があれば、ヒアリング自体をなくすことができます。

memo

地理データに関しては、「地理情報科学(古今書院)」が網羅的で参考になります。

最近では地理の上で動く人のデータである人流データの活用も進んできています。これに関しては「AIの未来をつくる ビヨンド・ビッグデータ利活用術(日経BP)」を参考にしてください。

また、BIツールにおける業務改善や業務改革に関しては「BI革命(NTT出版)」が参考になります。

やや本章からは遠くなりますが、高度な情報検索システムを作る際の考え方は「Pythonではじめる 情報検索プログラミング(森北出版)」などを参考にしてください。

2-6 データサイエンスを取り入れる：単回帰分析

ここから4節は、BIツールにデータサイエンスのアウトプットを取り入れることに関して述べていきます。取り扱う分析手法は**単回帰分析、時系列解析、類似度、DID**となります。ただし、本書はあくまでBIツールの本であるため、詳細なデータサイエンスのプロセスや、手法の詳細は対象外としています。それよりも、BIツールでツール化する際にイメージがしやすいように、利用ケースとBIツールへの接続方法に重点をおいています。

まず、データサイエンスとBIツールの関係性について述べ、単回帰分析が使われるケースと、サンプルダッシュボードの実装方法を学んでいきます。

BIツールとデータサイエンスの関係性

本項では、本書におけるデータサイエンスの概要について述べ、BIツールとの関係性を説明します。ここから数節の基礎となるため、進む前に一度目を通していただくことを想定しています。

ここではデータサイエンスを**「統計学や機械学習」の手法を用いて、「科学的に」考える分析プロセス**と設定しておきます。これを実施するのがデータサイエンティストであり、このプロセスの結果生成されるビジネス上で重要な規則をデータサイエンスのアウトプットとして話を進めていきます。

続いて、データサイエンスとBIツールの関係性です。

現在のBIツールではデータサイエンスのアウトプットと似たものを出力することはほぼできません。データサイエンスとBIツールはデータ分析という観点では同じです。しかし、データサイエンスはプロセスや手法が重要で、分析を支援するツールであるBIツールとは全く別です。そして、今のBIツールの多くはデータサイエンスの支援ツールとしての機能はほとんどありません。

そのため、データサイエンスをBIツールで使えるようにする場合、繋ぐ方法を考える必要があります。繋ぐと言うのは、データサイエンスのアウトプットをどうにかBIツールに取り込むと言うことです。こうすることで科学的なプロセスで検証され、高度な手法を取り入れたデータ活用が可能になります。

現状ではBIツールを作る人とデータサイエンティストは別のことが多いでしょう。その場合、どちらかがどちらかに依頼をすることになります。ただし、お互いのできることをわかっていないとコミュニケーションも難しくなります。

そこで、本書では簡易なデータサイエンスの分析と、その成果物をBIに接続する方法をハンズオンしていきます。本書を読む方はBIツールを使う方が多いと思うため、そちらからの目線で執筆されています。データサイエンスの理論やプロセスを完全にできるようにすることより、どんな概念で、どんなアウトプットが出てくるのかを学ぶことに重点をおいています。

ただし、ここでのデータサイエンスのアウトプットは、勉強用のものに留まることにご注意ください。

それでは、実際のケースと実装に入っていきましょう。

単回帰分析の利用ケース

KPIの目標値などを決定する場合、どのように決めるのか、という課題があります。目標値の設定は非常に重要で、これがあることで行動が格段にしやすくなります。

目標値の先のKGIの場合は、外部から与えられたり、過去の傾向から設定されます。これは、その数値の根拠は、そうあるべきという目線から決まるためです。

対して、そのKGIを達成するためのKPIの目標値はこれと連動させて決めなくてはいけません。このKPIの目標が達成された場合、与えられたKGIも達成されなくてはいけないからです。

KPIの目標設定のために、2つの数値の関係性を数式で表せると良さそうです。この数式が妥当で納得できるものであれば、なお良さそうです。このような時に、過去のデータから妥当な数式を作り出す分析として、単回帰分析があります。

単回帰分析とは

本項では単回帰分析の概念について簡単に説明します。単回帰分析はデータから指標間の関係性を数式化するものです。

単回帰分析をすると、指標間の関係性の数式を得ることができます。そうすると、片方の値が決まると、もう片方の値を計算することが可能になります。これは、本節のケースのKGIからKPIを計算できるようにすることという目的とよくあっています。

関係性の数式を得るには、過去のデータと、数式の仮定が必要です。以下にて簡単にその方法を説明します。

単回帰分析では基本的に線形の数式を仮定とします。線形というのは、中学数学などで出てきた**y = a × x + b**です。ここでいう **a** は係数で、直線の傾きを表します。 **b** は切片と呼ばれ、直線の高さを表します。今回であれば、直線の式 **KGI = a × KPI + b** という形です。 **a** が負（マイナス）の場合はKPIが増えると、KGIが低下するという関係になります。

この式の **a** と **b** を過去のデータから決定します。これを「**推定する**」と呼びます。推定の理屈としては、過去のデータを点で配置した時に、この間を一番上手く通る直線になると良い直線だと考えます。具体的には各点と直線のそれぞれの距離が一番近い状態になるように推定します。

単回帰分析

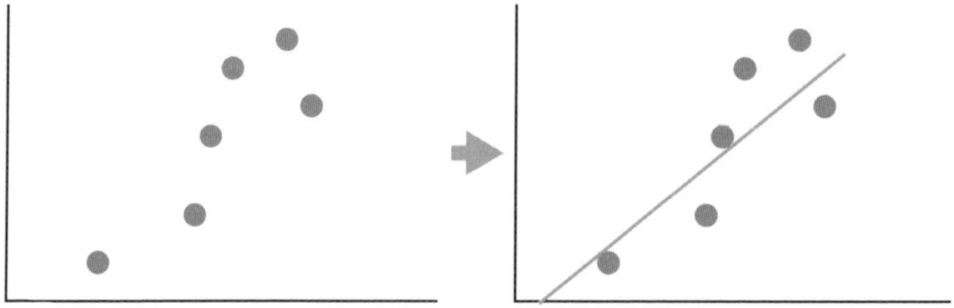

線の数式にすることで、データが得られていない場合でも、こういう値になるのではないか、と予想できるようになります。

一点、注意点として、過去の数値が得られた範囲内は予想しても妥当ですが、範囲外の場合はそうとは限りません。線形を仮定した場合、そうした範囲外も計算できます。しかし、この範囲外は**外挿**と言い、予想するには適切な範囲ではないことに注意してください。

作成するダッシュボード

利用ケースとしてはKPIの目標を毎月設定する会議で議論の根拠にするダッシュボードの構築を想定しています。

KPIの設定で難しいのが、具体的な数値をどのように設定するのか、と言うプロセスです。KPIはKGIと関係があるものが設定されます。ただし、その関係自体があることが共通認識になっていても、実際にKPIがどのくらい上がれば、KGIが目標値になるのかという規則まで明らかにすることは困難です。

そこで、ここでは単回帰分析を用いることで、データサイエンスのアウトプットとして、この関係性を明らかにします。それにより、BIのアウトプットとして、KGIが与えられた場合、自動でKPI側の必要とされる数値が算出されるダッシュボードを構築します。

ダッシュボード 単回帰分析

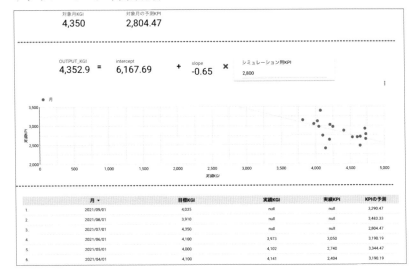

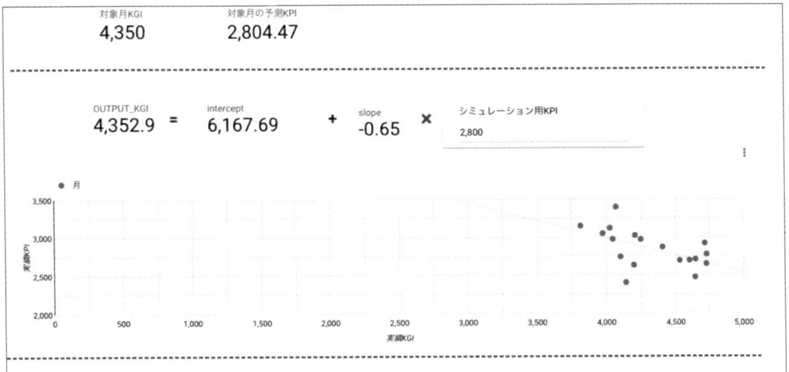

	月 ▾	目標KGI	実績KGI	実績KPI	KPIの予測
1.	2021/09/01	4,035	null	null	3,290.47
2.	2021/08/01	3,910	null	null	3,483.33
3.	2021/07/01	4,350	null	null	2,804.47
4.	2021/06/01	4,100	3,973	3,050	3,190.19
5.	2021/05/01	4,000	4,102	2,740	3,344.47
6.	2021/04/01	4,100	4,141	2,404	3,190.19

ダッシュボードのイメージとしては、上段にKGIの計画値とそこから算出されるKPIの予測値が自動で表示され、中段にその規則を補足する情報を掲載したものになります。

ハンズオン

これから数節はデータサイエンス部分のアウトプットとBIツールのアウトプットを扱っていきます。

ここで使用するデータは以下の2つです。

- 単回帰分析_データ
- 単回帰分析_分析結果

以下のように組み合わせて使用します.

スプレッドシート構造 回帰

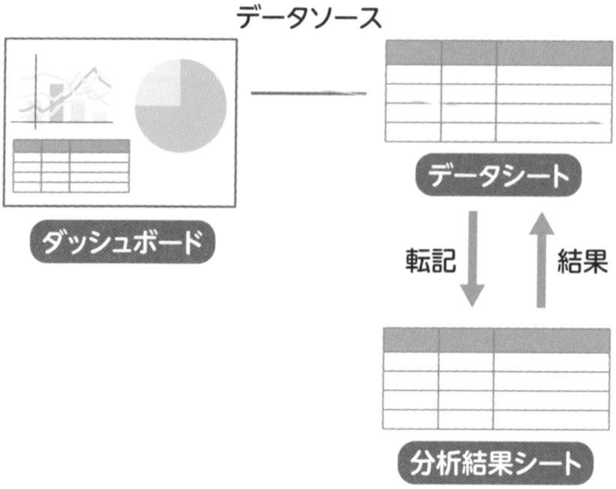

また、ここでの作業プロセスは以下となります。

単回帰分析ダッシュボードの作成手順

1. 単回帰分析の実施とBIツールで読み込むシートの用意
2. BIツールで上記シートの読み込みと基本的なグラフの作成
3. パラメータを用いてシミュレーションを作成

1. 単回帰分析の実施とBIツールで読み込むシートの用意

まず、「単回帰分析_分析結果」のシートを開いてください。これは実装用のため、最低限の情報のみを記載しています。このシートの傾向と切片と書かれたセルの横に結果を入れていきます。

スプレッドシート 単回帰分析シート 入力前

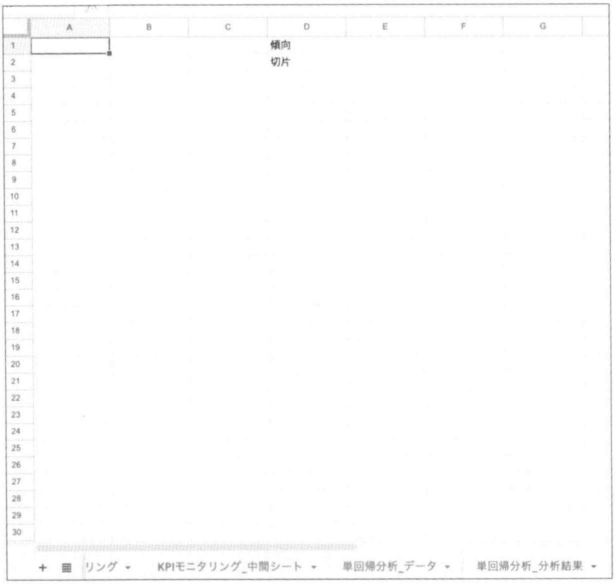

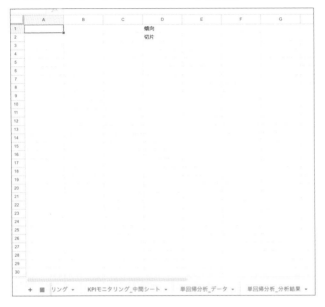

まず、分析用にデータを転記します。A2セルにquery('**単回帰分析_データ**'!A:E,"select D,E where A <= date'2021-07-01'")と入力します。こうすることで、回帰分析に使うデータを固定することができます。

このデータに単回帰分析をかけていきます。

傾きは=slope()、切片は=intercept()という関数で計算できます。これらはどちらも=slope(**予測の出力側,予測の入力側**)といった形で計算することができます。元となるローデータは「単回帰分析_ローデータ」というシートに格納されています。

傾向の横のセルに=slope(A:A,B:B)と入力します。その後、切片の横に=intercept(A:A,B:B)を入力します。

続いて、「単回帰分析_データシート」を確認します。このシートはKGIの目標値が記入されています。その横に、slopeとinterceptと呼ばれる列が用意されています。これらはどちらも、「単回帰分析_結果」のシートを参照し、自動で変更されるようになっています。

スプレッドシート 単回帰分析データ 入力後

月	ステータス	目標KGI	実績KGI	実績KPI	intercept	slope
2020/1	済み	4600	4644	2473	6167.693429	-0.6481420066
2020/2	済み	4700	4727	2647	6167.693429	-0.6481420066
2020/3	済み	4800	4729	2772	6167.693429	-0.6481420066
2020/4	済み	4600	4716	2916	6167.693429	-0.6481420066
2020/5	済み	4400	4404	2867	6167.693429	-0.6481420066
2020/6	済み	4000	4070	3397	6167.693429	-0.6481420066
2020/7	済み	4200	4247	2970	6167.693429	-0.6481420066
2020/8	済み	4600	4647	2706	6167.693429	-0.6481420066
2020/9	済み	4000	4046	2975	6167.693429	-0.6481420066
2020/10	済み	4600	4530	2690	6167.693429	-0.6481420066
2020/11	済み	3900	3812	3148	6167.693429	-0.6481420066
2020/12	済み	4200	4198	2631	6167.693429	-0.6481420066
2021/1	済み	4100	4206	3024	6167.693429	-0.6481420066
2021/2	済み	4500	4602	2692	6167.693429	-0.6481420066
2021/3	済み	4000	4026	3119	6167.693429	-0.6481420066
2021/4	済み	4100	4141	2404	6167.693429	-0.6481420066
2021/5	済み	4000	4102	2740	6167.693429	-0.6481420066
2021/6	済み	4100	3973	3050	6167.693429	-0.6481420066
2021/7	進行中	4350			6167.693429	-0.6481420066
2021/8	予定	3910			6167.693429	-0.6481420066
2021/9	予定	4035			6167.693429	-0.6481420066

◇ 2.BIツールで上記シートの読み込みと基本的なグラフの作成

データを読み込み、グラフを作り配置をしていきます。

Data Portalを開き、新しいダッシュボードの作成を行います。データに関してスプレッドシートを選択し、先ほどのファイルを選択後、「単回帰分析_目標値」シートを読み込みます。

ここでは、以下のグラフを作成します。

グラフの種類	指標	ディメンション	フィルター設定
スコアカード	目標KGI	なし	なし
スコアカード	KPI予測	なし	なし
散布図	実績KGI、実績KPI	月	なし
表	目標KGI、実績KPI、実績KPI、KPI予測	月	なし

まず、ダッシュボード上段のスコアカードを作成していきます。ツールバーから「グラフの追加」を選び、スコアカードを選択します。

続いて、KPIの予測値を設定します。フィールドを追加をクリックし、編集画面を開きます。計算式部分に利用可能な項目から「目標KGI」、「slope」、「intercept」をドラッグアンドドロップします。そのあと、図のように数式を入力します。項目ID以外が以下のようになったら、保存と完了をクリックします。これで、スプレッドシートの分析結果と、目標KGIからKPIを予測するフィールドが作成できました。

フィールド KPI予測

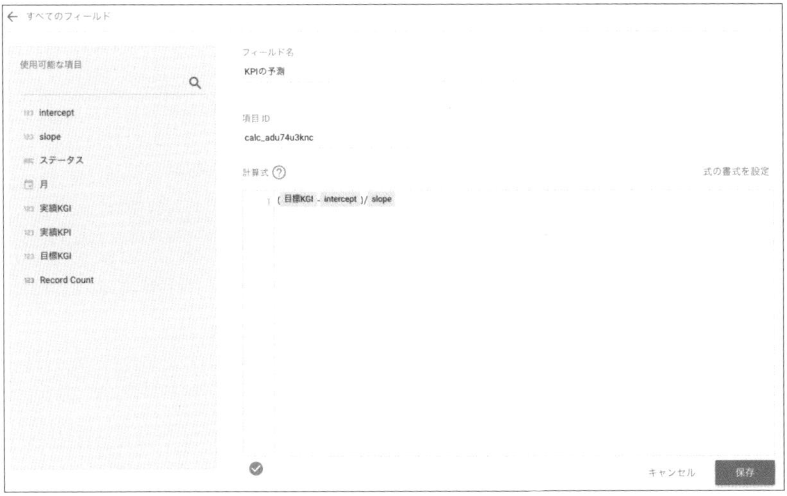

続いて、スコアカードの設定を行います。指標に先ほど作成したKPIの予測を選択し、集計方法を合計にします。また、表示期間の設定を行います。グラフの設定をスクロールし、デフォルトの日付範囲をカスタムにします。

グラフ設定 スコアカード デフォルトの日付範囲

デフォルトの日付範囲下のカレンダーのボタンを押します。期間の設定用のカレンダーが立ち上がるので、以下のように、期間の範囲を設定します。適用ボタンをクリックします。

グラフ設定 スコアカード デフォルトの日付範囲 カレンダー

同様に、目標KGIのスコアカードを設定します。ツールバーから「グラフを追加」をクリックします。グラフの中からスコアカードを選択します。追加されたグラフをクリックし、グラフ設定を右側に表示します。使

用可能な項目から対象をドラッグアンドドロップし、指標を「目標KGI」と設定します。デフォルトの日付範囲を先ほどと同様に設定します。

続いて、過去データの散布図を作成します。

これはデータソースが異なるため、先にデータを追加します。ツールバーの「データソースの追加」を押し、スプレッドシートを選択します。ファイルは今までと同じものを選び、シートの選択で「単回帰分析_ローデータ」を読み込みます。このデータをもとに散布図を作成します。

ツールバーから「グラフを追加」をクリックします。グラフの中から散布図を選択します。追加されたグラフをクリックし、グラフ設定を右側に表示します。使用可能な項目から対象をドラッグアンドドロップし、ディメンションを「月」、指標Xを「実績KGI」、指標Yを「実績KPI」と設定します。スタイルで、トレンドラインを「線形」に設定しておきます。

グラフの設定 散布図

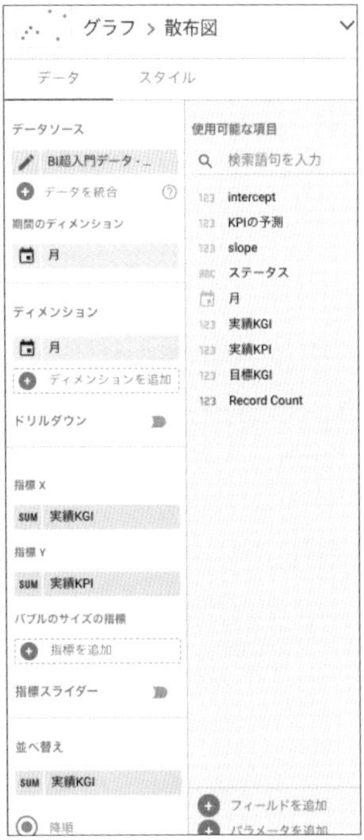

判断情報の参考として過去のKPIの値を下段に作成します。ツールバーから「グラフを追加」をクリックします。グラフの中から表を選択します。追加されたグラフをクリックし、グラフ設定を右側に表示します。使用可能な項目から対象をドラッグアンドドロップし、指標を「目標KGI」、「実績KPI」、「実績KPI」、「KPI予測」と設定します。

グラフの設定 表

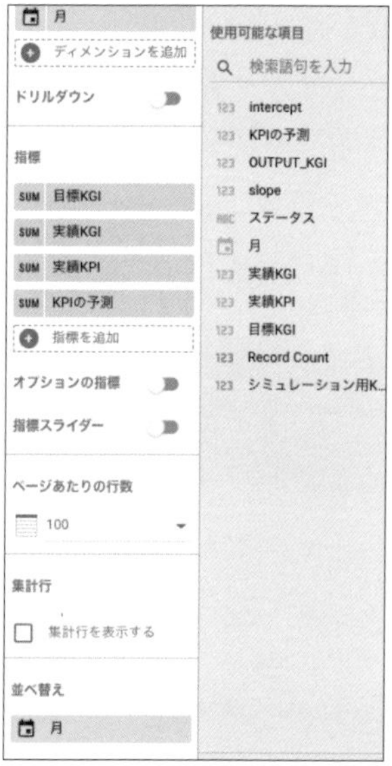

3.パラメータを用いてシミュレーションを作成

ここでは、KPIがいくつになるとKGIがいくつになるのかをシミュレーションできるような機能を実装します。以下のようなグラフを作成します。

グラフの種類	指標	ディメンション	フィルター設定
スコアカード	OUTPUT_KGI	なし	なし
スコアカード	slope	なし	なし
スコアカード	intercept	なし	なし

まず、傾きと切片のスコアカードを追加します。ツールバーから「グラフを追加」をクリックします。グラフの中から「スコアカード」を選択します。追加されたグラフをクリックし、グラフ設定を右側に表示します。使用可能な項目から対象をドラッグアンドドロップし、指標を「slope」、集計方法を「平均」と設定します。複製を行い、同様のスコアカードをもう一つ作ります。こちらは指標を「intercept」にします。こちらも集計方法は「平均」にしておきます。

続いて、シミュレーション結果を出力するためのスコアカードを作成します。

ツールバーから「グラフを追加」をクリックします。グラフの中から「スコアカード」を選択します。追加されたグラフをクリックし、グラフ設定を右側に表示します。

まずシミュレーションの入力を受け取る機能を作成します。ここではパラメータという機能を用います。

データタブの右下にある「パラメータを追加」をクリックします。以下のように設定し、「保存と完了」をクリックします。

パラメータの設定 シミュレーション

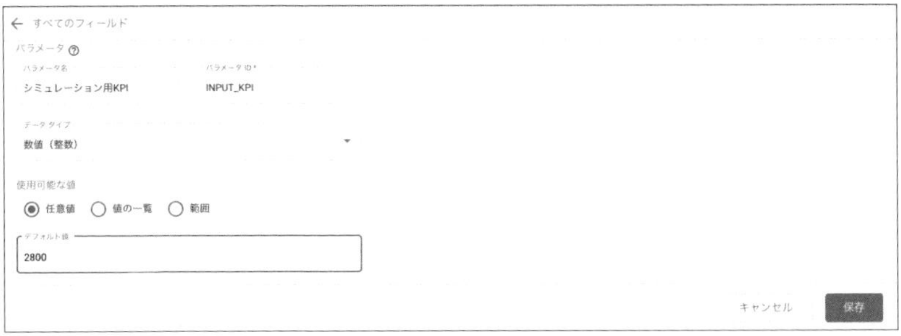

次にこのパラメータに入力された数値と傾き、切片を組み合わせて計算するフィールドを作成します。

「フィールドの追加」をクリックし、図のように入力します。

フィールド シミュレーション式

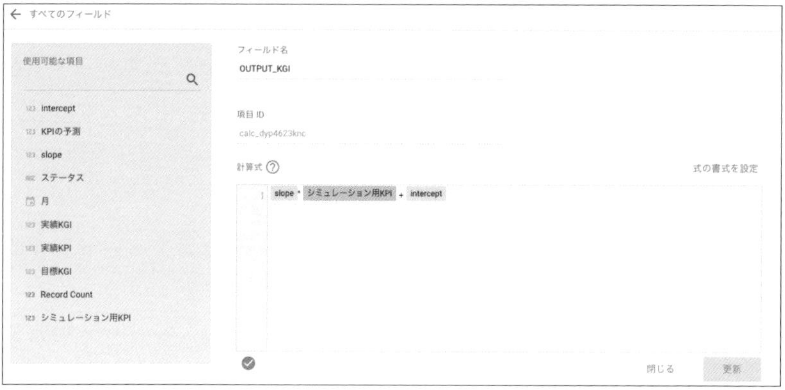

そして、グラフの設定を行います。使用可能な項目から対象をドラッグアンドドロップし、指標を先ほど作成した「OUTPUT_KGI」と設定します。

最後に上記のシミュレーションに画面から数値を入れる入力窓を作ります。

ツールバーよりコントロールをクリックし、インプットを選択します。以下のようにコントロールフィールドを先ほど作成したパラメータにします。

コントロール シミュレーション

今まで作成したスコアカードとコントロールを配置します。文字オブジェクトを挿入し位置を整えます。

シミュレーション

以上でダッシュボードが完成しました。表示ボタンを押し、表示モードにするとコントロールの値を直接変更でき、シミュレーション結果を変えることができます。

スプレッドシートのローデータが増えていくと、サポートとなる過去のKPIの表示が増えていきます。なお、今回の実装では、単回帰分析の結果はローデータのデータが増えても自動では変化しません。これは過去の計算結果が変わると困るかもしれない運用を想定したものです。場合によっては自動で変更されるようにするパターンも存在します。

補足：回帰分析の発展

ここでは、本節では触れられなかった単回帰分析の周辺の知識を補足していきます。

まず、本節の単回帰分析では計算式の前提として線形を想定しています。しかし、分析ケースによっては、指数的な増加や、途中で増加が逓減という式にしたい場合も存在します。

そうした場合、目的変数に指数変換や対数変換をかけることで単回帰分析にかけることができるようになります。この場合、BIツール側の計算にもこれを入れる必要があり、KPIの予測やシミュレーションの際に同じように関数を入れていきます。

また、二次関数や三次関数のような数式からもパラメータを推定することはGoogle Spreadsheetではできません。ただし、Microsoft Excelではソルバーという最適な数値を探す機能があるため、表計算ソフトでも計算することは可能です。

さらに**予測モデル**には、用いる変量の数を増やした**重回帰分析**や、先ほどの指数増加などを適切に扱える一般化線形モデル、複雑な予測ルールを作り出す**決定木**や**Xgboost**などが存在しています。これらは専用のツールで予測モデルを作る必要があります。

なお、最終的にBIに組み込むことを考えた場合、数式である方が組み込みやすくなります。数式であれば計算式でフィールドにすることができるからです。手法によっては、数式がでないこともありますので注意してください。

実際のデータサイエンスのプロセスでは、こうした様々な計算式（＝モデル）を試し、より良いものがどれかを評価するというステップが存在します。古典的ですが非常に有名なプロセスとしてCRISPがあり、以下のようになっています。

サイエンスのプロセス

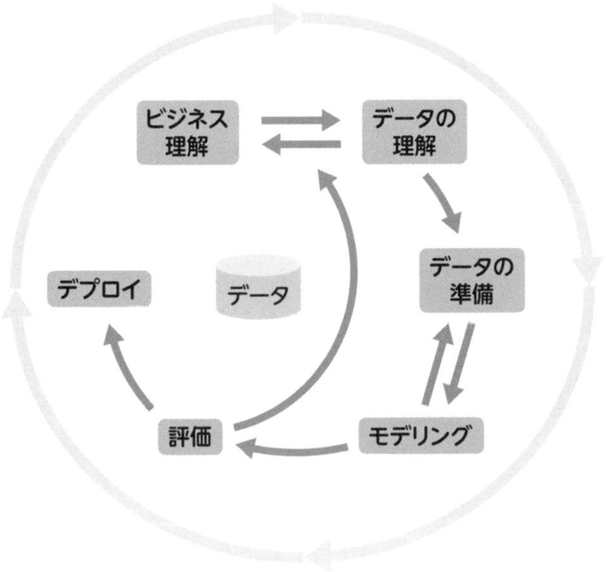

この評価というステップの中では未知のデータに対し、モデルの予測性能を評価する汎化性能などを確認することが行われます。今回はすでにそうしたプロセスを通ったアウトプットを実装する前提となっています。実際に自分で実装する場合は、そうしたプロセスをきちんと踏むようにしてください。

memo

これらは「実践機械学習システム(オライリー)」や「Kaggleで勝つデータ分析の技術(技術評論社)」を参考にしてください。
回帰分析に関しては、多くの書籍で扱われているので、一般的な統計学の教科書や「データ分析をマスターする12のレッスン(有斐閣)」などを参考に入門してください。機械学習を用いた予測手法は「はじめてのパターン認識(森北出版)」などを参考にしてください。

2-7 データサイエンスを取り入れる2: 時系列解析

ここではビジネスの現場でよくみる時系列データに対し、データサイエンスを用いて、数値で表現された規則の抽出を行います。

時系列解析と利用ケース

時系列データ自体はビジネスの現場では馴染み深いもので、折れ線や表でよく表示されています。とくにKPIなどを毎日みて現状を把握したり、将来がどうなるのかといった予想をたてるモニタリングはよく行われていることでしょう。

多くの指標は人間の営みによるものなので、人々の行動周期や突発的な社会的なイベントの影響を受けます。すると、実際に数値の傾向が変わっているのか、それとも突発的な影響なのかの判断は難しくなります。加えて、将来の予測も、そうしたものを加味しないと根拠の薄いなんとなく、のものになってしまいます。

そこで、時系列解析を行い、こうした周期性などを計算します。そしてそれを補足情報として表示したり、それらを加味してして予測値を作ります。それを利用者に開示することで、納得感を高めることを目指します。そうした計算が行われたデータを作ることをデータサイエンスのアウトプット、それを表示するダッシュボードをBIツールのアウトプットとします。

時系列解析とは

時系列のパターン

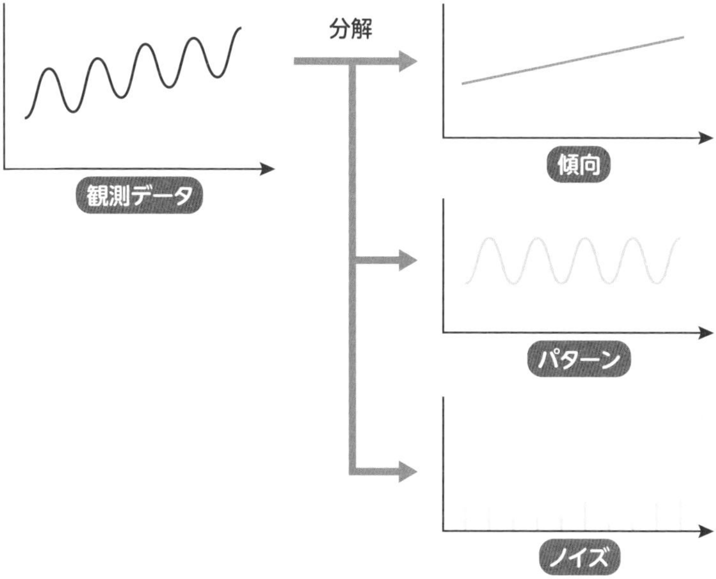

今回は単一の時系列のデータを扱います。時系列解析ではいくつかの前提から、この単一のデータを複数の要素に分けていくことが可能です。一般的には下記の3つに分解していきます。

分解される要素

1. 傾向（または水準）
2. パターン
3. 上記に含まれないノイズ

傾向は、パターンやノイズを除いた際の値であり、データの変動です。ビジネスの現場では、全てをたしあげた結果で評価をすることが普通です。ただし前出のとおり、それだけでは、その他の影響が混ざり、うまく成長しているのかどうか、をシャープに見られなくなります。そこでこの傾向を見る必要があります。

パターンは、サイクルなど様々な呼び方があります。これは曜日など、人の営みのような繰り返しの構造があり、それによって数値も周期的な動きを見せるものです。このとき、周期などは分析者が仮定をおく必要があります。例えば日毎のデータであれば、曜日の影響を受けるため、7日間周期がある、といった形です。

ノイズは、上記の傾向とパターンでは説明できなかった残りです。一時的な影響などがあると、この値が大きくなります。この数値を見るだけでは要因までは特定できませんが、この値を起点に他のデータを調査しようという行動に移すことができるようになります。なお、一部ではなく全体として大きい場合、傾向やパターンでは説明できない変動が多いデータであり、さらに複雑な分析が必要になります。

時系列解析では上記の3つに分解し、必要に応じて計算できるようにします。以下のような数式をうまく説明できる値を推定することで、上記を実現できます。

ある時点のデータ ＝ ある時点の傾向 ＋ その時点のパターン ＋ ノイズ

時系列解析の手法は様々ありますが、今回は雰囲気を味わってもらうため、簡易な計算方法でこの値を推定していきます。例えば、傾向は、前出の単回帰分析を用い、傾きが一定の直線という強い仮定を設定し、以下の計算ができる状態を作っていきます。

開始点からx日後のデータ ＝
(傾き × x日＋切片) ＋ (過去の同じ曜日の曜日効果) ＋ ノイズ

作成するダッシュボード

今回のダッシュボードは対象の月の時系列の情報を表示するものです。ビジネスの現場では月を単位としてデータを見ることが多くあります。

上段には実績と、対象月が最終的にどのくらいの数値になりそうかという予想（着地予想）を乗せています。中段にはそれを分析した折れ線グラフを参考情報として載せています。ここでパターンやノイズを除いた傾向と実測値、予想を細かく見ることができます。下段には曜日の増減の強さや、ノイズの大きい日、どんなイベントがその月にあるのかなど、議論のきっかけとなるような情報を載せています。

ダッシュボード 時系列

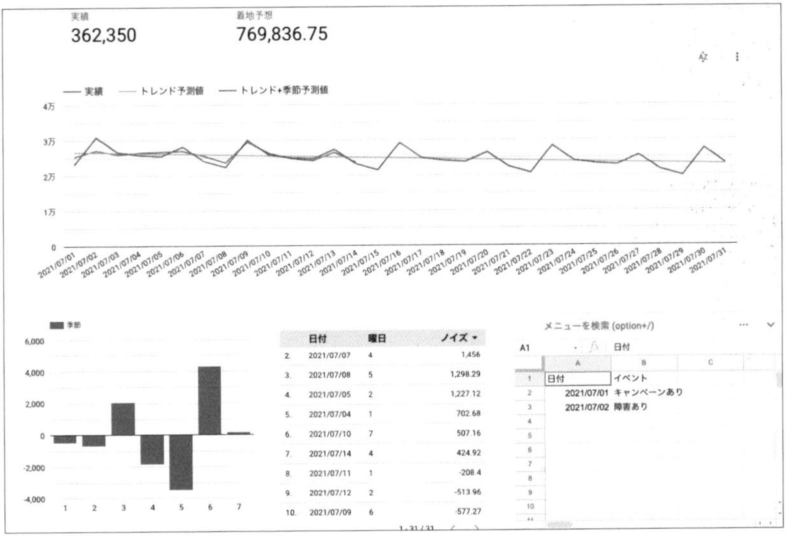

ハンズオン

今回は、まずローデータのシートを用意し、それを計算した分析結果のシートを構築します。これらを元に表示用のシートを作成し、ダッシュボードではこれを読み込んでいきます。

ここでは以下のデータを使用します。

・テイクアウトアプリ_注文データ
・時系列_分析シート
・時系列_表示シート
・時系列_イベント記録

これらを組み合わせて、以下のように設定していきます。

スプレッドシート構造 時系列

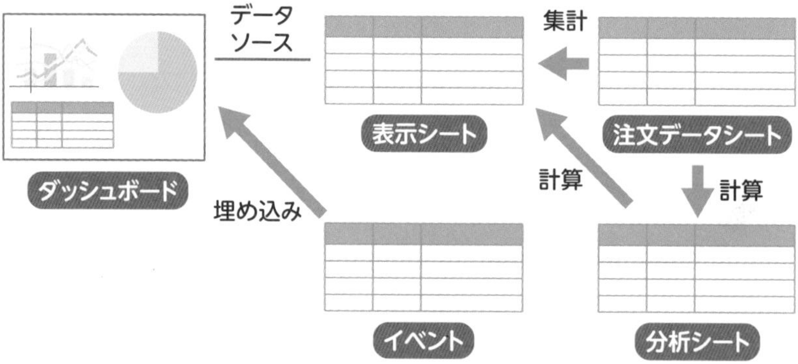

ハンズオンの内容

1. 時系列解析の実施
2. 表示の作成

1.時系列解析の実施

まず、「時系列_表示シート」を開いてください。これは表示用のデータになります。後ほどこちらのシートをData Portalで読み込みます。

スプレッドシート 表示 入力前

日付	開始からの番号	曜日	傾き	切片	季節	最大実測日	実績	ノイズ
2021/07/01	1	5	#N/A	#N/A	0	1899/12/30		#N/A
2021/07/02	2	6	#N/A	#N/A	0	1899/12/30		#N/A
2021/07/03	3	7	#N/A	#N/A	#N/A	1899/12/30		#N/A
2021/07/04	4	1	#N/A	#N/A	0	1899/12/30		#N/A
2021/07/05	5	2	#N/A	#N/A	0	1899/12/30		#N/A
2021/07/06	6	3	#N/A	#N/A	0	1899/12/30		#N/A
2021/07/07	7	4	#N/A	#N/A	0	1899/12/30		#N/A
2021/07/08	8	5	#N/A	#N/A	0	1899/12/30		#N/A
2021/07/09	9	6	#N/A	#N/A	0	1899/12/30		#N/A
2021/07/10	10	7	#N/A	#N/A	#N/A	1899/12/30		#N/A
2021/07/11	11	1	#N/A	#N/A	0	1899/12/30		#N/A
2021/07/12	12	2	#N/A	#N/A	0	1899/12/30		#N/A
2021/07/13	13	3	#N/A	#N/A	0	1899/12/30		#N/A
2021/07/14	14	4	#N/A	#N/A	0	1899/12/30		#N/A
2021/07/15	15	5	#N/A	#N/A	0	1899/12/30		#N/A
2021/07/16	16	6	#N/A	#N/A	0	1899/12/30		#N/A
2021/07/17	17	7	#N/A	#N/A	#N/A	1899/12/30		#N/A
2021/07/18	18	1	#N/A	#N/A	0	1899/12/30		#N/A
2021/07/19	19	2	#N/A	#N/A	0	1899/12/30		#N/A
2021/07/20	20	3	#N/A	#N/A	0	1899/12/30		#N/A
2021/07/21	21	4	#N/A	#N/A	0	1899/12/30		#N/A
2021/07/22	22	5	#N/A	#N/A	0	1899/12/30		#N/A
2021/07/23	23	6	#N/A	#N/A	0	1899/12/30		#N/A
2021/07/24	24	7	#N/A	#N/A	#N/A	1899/12/30		#N/A
2021/07/25	25	1	#N/A	#N/A	0	1899/12/30		#N/A
2021/07/26	26	2	#N/A	#N/A	0	1899/12/30		#N/A
2021/07/27	27	3	#N/A	#N/A	0	1899/12/30		#N/A

「時系列_分析シート」は分解した要素の値を計算するためのシートです。テイクアウトアプリの注文データを集計して取り込み、分析していきます。

スプレッドシート 分析シート 入力前

集計データ	経過日数	トレンド補整値	各種パラメータ			
			トレンド	傾き		#N/A
	1	#N/A		切片		#N/A
	2	#N/A	季節		1	#N/A
	3	#N/A			2	#N/A
	4	#N/A			3	#N/A
	5	#N/A			4	#N/A
	6	#N/A			5	#N/A
	7	#N/A			6	#N/A
	8	#N/A			7	#N/A
	9	#N/A				
	10	#N/A				
	11	#N/A				
	12	#N/A				
	13	#N/A				
	14	#N/A				

「時系列_分析シート」のA2セルに、クエリ関数を記述します。データがとりこまれ、組み込んであった関数で各値が計算されます。入力するクエリ関数は次のようになります。

```
=query('テイクアウトアプリ_注文データ'!A:K,"select C,sum
(K) where A is not null group by C",1)
```

スプレッドシート 分析 入力後

A	B	C	D	E	F	G	H	I
集計データ						各種パラメータ		
注文日	sum 金額	経過日数	曜日情報	トレンド補整値		トレンド	傾き	-125.5604396
2021/7/1	25400	1	5	-1298.285714			切片	26823.84615
2021/7/2	27150	2	6	577.2747253		季節	1	-494.2857143
2021/7/3	25940	3	7	-507.1648352			2	-713.1648352
2021/7/4	26530	4	1	208.3956044			3	2087.956044
2021/7/5	26710	5	2	513.956044			4	-1880.923077
2021/7/6	26930	6	3	859.5164835			5	-3497.648352
2021/7/7	25520	7	4	-424.9230769			6	4313.472527
2021/7/8	23620	8	5	-2199.362637			7	184.5934066
2021/7/9	29430	9	6	3736.197802				
2021/7/10	26260	10	7	691.7582418				
2021/7/11	24740	11	1	-702.6813187				
2021/7/12	24090	12	2	-1227.120879				
2021/7/13	26420	13	3	1228.43956				
2021/7/14	23610	14	4	-1456				

ここでどのようなことが行われているかを簡単に説明します。まず、前節の回帰分析を行い、時間の経過の傾向を推定しています。この値から予測値を作り、その差分がさらに計算されます。曜日ごとにこの差分の平均がとられることで、曜日の効果が分かります。

これは、元の値から、増加していく（減少していく）傾向を取り除き、仮定しているパターンの平均を求めていることになります。

先程推定した値を表示用のシートに転記してあります。こちらはまだ来ていない未来の日付もあります。vlookupで、先程の分析シートに集計したデータを取得しています。ここから、先程推定した傾向と曜日効果の数値を引くことで、ノイズを計算します。

スプレッドシート 表示用 入力後

日付	開始からの番号	曜日	傾き	切片	季節	最大実測日	実績	ノイズ
2021/07/01	1	5	-125.5604396	26823.84615	-3497.648352	2021/07/14	25400	2199.362637
2021/07/02	2	6	-125.5604396	26823.84615	4313.472527	2021/07/14	27150	-3736.197802
2021/07/03	3	7	-125.5604396	26823.84615	184.5934066	2021/07/14	25940	-691.7582418
2021/07/04	4	1	-125.5604396	26823.84615	-494.2857143	2021/07/14	26530	702.6813187
2021/07/05	5	2	-125.5604396	26823.84615	-713.1648352	2021/07/14	26710	1227.120879
2021/07/06	6	3	-125.5604396	26823.84615	2087.956044	2021/07/14	26930	-1228.43956
2021/07/07	7	4	-125.5604396	26823.84615	-1880.923077	2021/07/14	25520	1456
2021/07/08	8	5	-125.5604396	26823.84615	-3497.648352	2021/07/14	23620	1298.285714
2021/07/09	9	6	-125.5604396	26823.84615	4313.472527	2021/07/14	29430	-577.2747253
2021/07/10	10	7	-125.5604396	26823.84615	184.5934066	2021/07/14	26260	507.1648352
2021/07/11	11	1	-125.5604396	26823.84615	-494.2857143	2021/07/14	24740	-208.3956044
2021/07/12	12	2	-125.5604396	26823.84615	-713.1648352	2021/07/14	24090	-513.956044
2021/07/13	13	3	-125.5604396	26823.84615	2087.956044	2021/07/14	26420	-859.5164835
2021/07/14	14	4	-125.5604396	26823.84615	-1880.923077	2021/07/14	23610	424.9230769
2021/07/15	15	5	-125.5604396	26823.84615	-3497.648352	2021/07/14		
2021/07/16	16	6	-125.5604396	26823.84615	4313.472527	2021/07/14		
2021/07/17	17	7	-125.5604396	26823.84615	184.5934066	2021/07/14		
2021/07/18	18	1	-125.5604396	26823.84615	-494.2857143	2021/07/14		
2021/07/19	19	2	-125.5604396	26823.84615	-713.1648352	2021/07/14		
2021/07/20	20	3	-125.5604396	26823.84615	2087.956044	2021/07/14		
2021/07/21	21	4	-125.5604396	26823.84615	-1880.923077	2021/07/14		
2021/07/22	22	5	-125.5604396	26823.84615	-3497.648352	2021/07/14		
2021/07/23	23	6	-125.5604396	26823.84615	4313.472527	2021/07/14		
2021/07/24	24	7	-125.5604396	26823.84615	184.5934066	2021/07/14		
2021/07/25	25	1	-125.5604396	26823.84615	-494.2857143	2021/07/14		
2021/07/26	26	2	-125.5604396	26823.84615	-713.1648352	2021/07/14		
2021/07/27	27	3	-125.5604396	26823.84615	2087.956044	2021/07/14		

最後に実際の値から、再度、傾向と季節性を除くことでノイズを推定していきます。

「時系列解析_結果」を作成していきます。ここでは曜日ごとの曜日効果と傾向の推定を計算します。

2.表示の作成

今まで同様に、新しいダッシュボードを作成し、スプレッドシートを読み込みます。

はじめに、ダッシュボード上段のスコアカードと折れ線グラフを作成していきます。ここではまず、次のグラフを作成します。

グラフの種類	指標	ディメンション	フィルター設定
スコアカード	着地予想	なし	なし
スコアカード	実績	なし	なし
折れ線グラフ	実績、トレンド予測値、トレンド+季節予測値	日付	なし

まず、折れ線グラフを作成します。これは推定値と実測値を表示します。ツールバーからグラフの追加、折れ線を選択します。追加されたグラフをクリックし、グラフ設定を右側に表示します。

まず、必要なフィールドを設定していきます。

トレンドの予測値と、トレンドと曜日効果を組み合わせた予測値のフィールドを作成します。

最初にトレンドの予測値を設定します、「フィールドの追加」を押し、以下のように式を設定します。「保存」、「完了」とクリックします。

フィールド トレンド予測

続けて、もう一つフィールドを追加します。以下のように設定し、トレンドと曜日効果の式も作ります。

フィールド トレンド季節

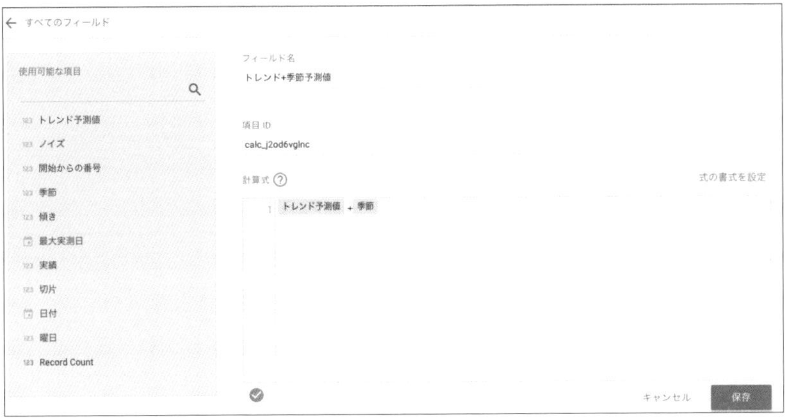

グラフの設定を行います。使用可能な項目から対象をドラッグアンドドロップし、ディメンションを「日付」、指標を「実績」、「トレンド予測値」、「トレンド+季節予測値」と設定します。

グラフ設定 折れ線

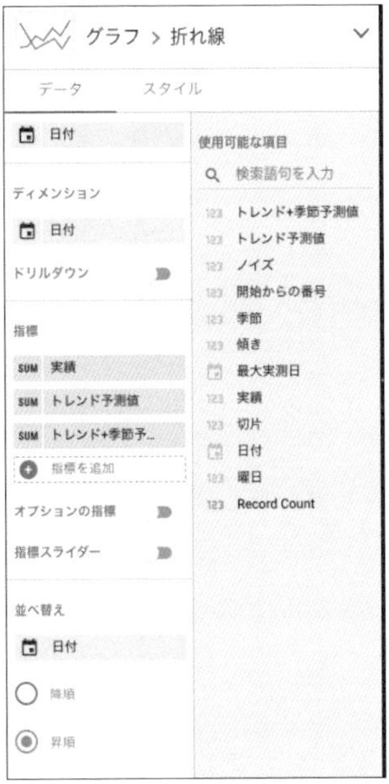

表示を見やすくするために、以下のようにスタイルも設定します。これで、今までの値と未来の予測値を表示する折れ線グラフを作ることができました。

グラフ設定 折れ線グラフ デザイン

続いて、現状の値と、このまま行った場合の着地予想値を表示します。ツールバーから「グラフを追加」をクリックします。グラフの中からスコアカードを選択します。追加されたグラフをクリックし、グラフ設定を右側に表示します。使用可能な項目から対象をドラッグアンドドロップし、指標を「実績」と設定します。集計を「合計」にします。

続いて、着地予想のスコアカードを作成します。ツールバーから「グラフを追加」をクリックします。グラフの中からスコアカードを選択します。追加されたグラフをクリックし、グラフ設定を右側に表示します。

「フィールドの追加」を行い、以下のような設定をします。

フィールド 着地予想

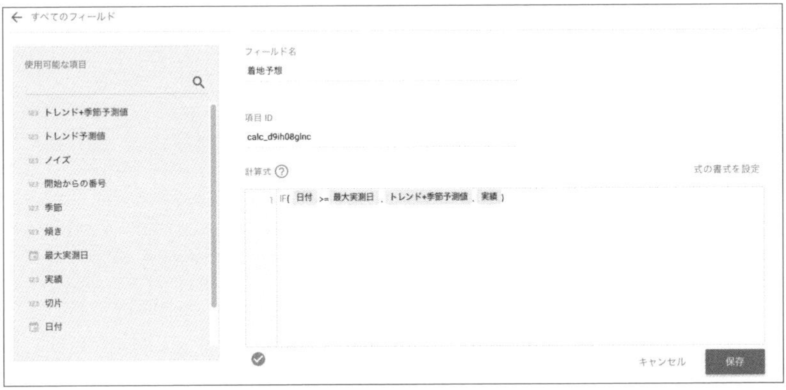

これをスコアカードに設定します。使用可能な項目から対象をドラッグアンドドロップし、指標を「着地予想」と設定します。

次にダッシュボードの下段を作成していきます。ここでは曜日効果の可視化と過去のデータをノイズが大きい順に表示します。

グラフの種類	指標	ディメンション	フィルター設定
棒グラフ	季節	曜日	なし
表	ノイズ	日付、曜日	なし

まず曜日効果のグラフを作成します。ツールバーから「グラフを追加」をクリックします。グラフの中から「棒グラフ」を選択します。追加されたグラフをクリックし、グラフ設定を右側に表示します。使用可能な項目から対象をドラッグアンドドロップし、ディメンションを「曜日」、指標を「季節」と設定します。並び替えに「曜日」を設定します。

グラフ設定 季節周期

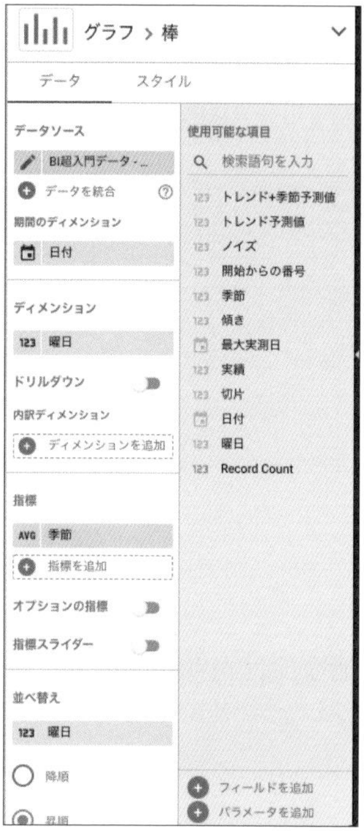

次にノイズの高い順に日付を表示します、ツールバーから「グラフを追加」をクリックします。グラフの中から「表」を選択します。追加されたグラフをクリックし、グラフ設定を右側に表示します。使用可能な項目から対象をドラッグアンドドロップし、ディメンションを「日付」、「曜日」、指標を「ノイズ」と設定します。図のように並び順を「ノイズ順」にします。

グラフ設定 表

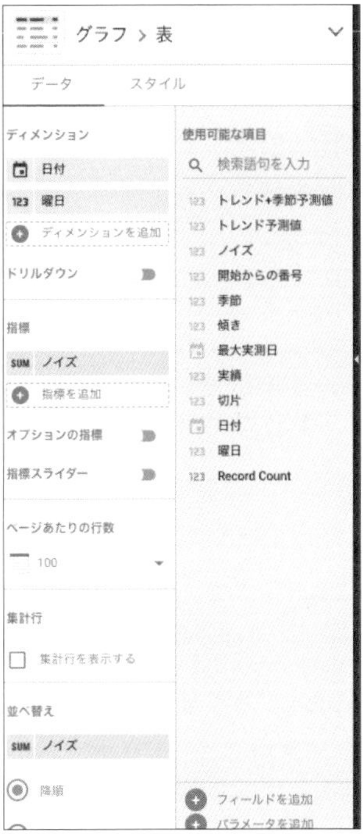

最後に、さらにそれの補足情報として、今月のイベント情報を横につけます。ツールバーより、「HTMLの埋め込み」を押し、キャンバスの適当なところをクリックします。埋め込みが挿入され、右側に入力欄を表示されます。スプレッドシートの「時系列解析_イベント情報」のシートを開き、A1セルを選択し、右クリックします。このセルのURLを選択し、そこで取得したURLを入力欄に貼り付けます。

以上で今回のダッシュボードを作成することができました。

なお、今回も単回帰分析と同様に、ローデータに数値が足された場合、表示用のデータは変化しますが、モデルの値は変わらない作りになっています。

◆ 補足:時系列解析について

最初にも書いた通り、ここでは非常に簡易な方法を用いており、パラメータの推定やハズレ値の影響などが弱くなっています。また、線形トレンドを仮定しているため、複雑なトレンドにも対応できていません。これらに対応できるようにするためには、参考図書を確認し、高度なモデルを選択する必要があります。

memo

時系列解析の原理をきちんと学びたい場合は、「実証のための計量時系列分析(有斐閣)」などを参照してください。

Microsoft Excelで、もう少ししっかりした分析を行いたい場合は、Holt Wintersという方法を説明した「データスマート(エムディエヌコーポレーション)」が参考になります。

また、より高度に業務で用いたい場合はRやPythonでの実装と説明が豊富な「Advanced Python 時系列解析(共立出版)」「基礎からわかる時系列分析(技術評論社)」などを参照ください。

2-8 データサイエンスを取り入れる3:類似度

ここでは類似度を扱います。ビジネスでは、ユーザーをいくつかのグループに分類したり、理想のユーザーを探したい、といった場合があります。そうした際に直感などで分けるのではなく、データの特徴から似ている度合いを定量化することで、数値的に分類や閾値を設定することが可能になります。

類似度の利用ケース

類似度が用いられるのは、レコメンドなどで似た商品を提案したり、ユーザーを似たグループで分類するクラスタリングなどの際です。ただし、これらはスプレッドシートでの実装は難しいため、ここでは類似度の概念に触れることを目的とし、もう少し簡易なケースを設定しました。

今回設定するケースは、プロダクトマネージャが新機能などを作る際に、事前にターゲットを設定し、データを見ながら機能の詳細を設計していく場面を想定しています。このケースでは、事前の別のリサーチでターゲットの特徴は設定しており、そのボリュームがどのくらいいるのかを検討しようとしている状態です。こういった状態で、ただデータを集計しても、作られたターゲット像とうまく繋げられないという問題が発生します。

そこで、今回はデータサイエンスのアウトプットとして、ターゲット像に似たユーザーとそうでないユーザーを類似度という指標でランクづけできるようにします。そしてBIツールのアウトプットとして、そのランクでフィルターしたり、ボリュームを確認しながら、特徴を分析し、機能開発に活かせるダッシュボードを構築します。

類似度に関して

類似度の算出方法は本書では「**距離**」を用います。距離というのは位置関係から遠い、近いを定量化したものです。

距離の計算でシンプルなものは「**ユークリッド距離**」です。これは下図のように、点aの座標と点bの座標が分かれば、三平方の定理で計算することができます。

ユークリッド距離

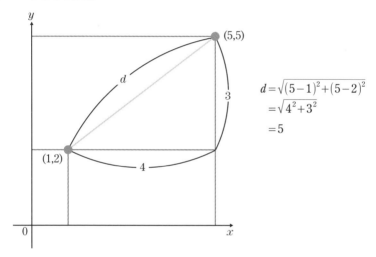

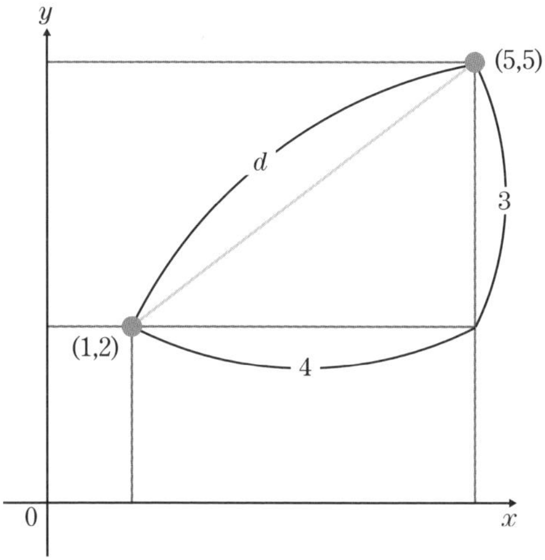

$$d=\sqrt{(5-1)^2+(5-2)^2}$$
$$=\sqrt{4^2+3^2}$$
$$=5$$

もう少し拡張し、座標位置を持たないデータで距離を計算する方法を考えます。

ここでは、データの列の値が、座標位置と対応するように考えます。例えば、ユーザーデータが身長と体重というデータを持っているとします。この身長と体重の目盛りを座標軸に設定すると、ユーザーの身長と体重の値がこの平面の座標を表します。ユーザー間の距離を計算する場合は、先ほどと同様に座標をあらわす身長と体重を三平方の定理に入れれば計算できます。

あとは、これを2列以上のデータにも拡張します。人間の頭では三次元を越えた場合の位置関係はイメージできません。ただし、距離の計算式をそのまま拡張すれば、たくさんの変量からでも距離が計算できます。これを拡張すると、あるユーザーとあるユーザーの距離は以下のように表現することができます。

$$距離=\sqrt{(特徴A_1-特徴B_1)^2+\cdots+(特徴A_n-特徴B_n)^2}$$

距離　：ユーザーAとユーザーBの類似度
$特徴A_1$：ユーザーAの特徴1
$特徴B_1$：ユーザーBの特徴1
$特徴A_n$：ユーザーAの特徴n
$特徴B_n$：ユーザーBの特徴n

ここまで距離の計算の説明をしてきましたが、距離と類似度に関して一点、注意点があります。類似度はそれが大きいほど似ていることを表します。対して、距離は近いほど(=小さいほど)似ていることを表します。実際に距離から類似度という指標を作る場合、逆数をとるなどといった計算を行うことがあります。今回はそこまで厳密に考えず、距離が小さいほど似ているものであるという定義で以後進めていきます。

ダッシュボード

ダッシュボードの上段には、似ているか似ていないかの閾値を変更するパラメータとターゲットの状態が記載されたスプレッドシートを表示しています。そして、中段以降はターゲットごとに似た属性のデータを表示しています。まず、類似度ごと並べられたユーザーと閾値の位置を把握できるようにしています。その下には、ターゲットに似ているユーザーの属性を可視化し、そのセグメントの傾向を掴めるようにしています。そしてその両端に、現在の閾値で似ていることになるユーザーの数を表示しています。

ダッシュボード 類似度

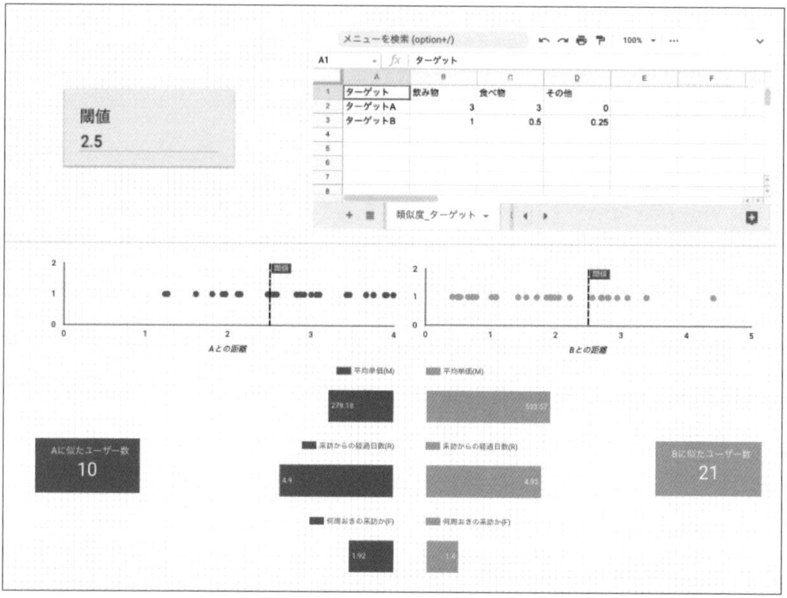

ハンズオン

今までと同様に、以下の手順を実施します。

類似度を用いたダッシュボードの作成手順

1. 類似度の計算シートを作成
2. シートの読み込みとダッシュボードの作成

今回使用するデータは2つあります。

・類似度_ユーザーデータ
・類似度_ターゲット

一つがユーザーデータが格納されたもので、もう一つはターゲットの特徴を定量的にまとめたものです。今回は、ユーザーデータからターゲットシートを参照し、ユーザーごとの類似度（距離）を計算します。それをユーザーデータに格納し、これを可視化に利用していきます。またターゲットシートも埋め込みという形でダッシュボードに表示し、情報を書き換えられるようにしておきます。

スプレッドシート構造 類似度

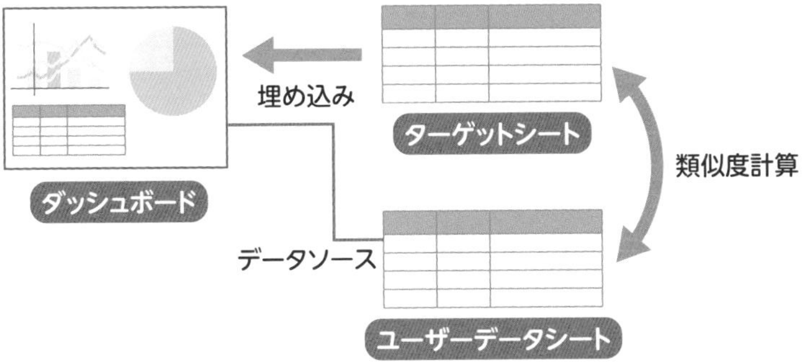

1.類似度の計算シートを作成

「類似度_ローデータ」と「類似度_ターゲットシート」を使い、ローデータに類似度を追加していきます。今回はターゲットを2種類設定しているため、似たような手順を2回繰り返します。「類似度_ローデータ」シートのターゲットAとの類似度列とターゲットBの類似度列を埋めていきます。

スプレッドシート ユーザーデータ 入力前

	A	B	C	D	E	F	G	H	I
1	ユーザーid	平均飲み物注文数	平均食べ物注文数	その他平均注文数	何周おきの来訪	来訪からの経過	平均単価(M)	Aとの距離	Bとの距離
2	u0001	2.3	2	0.2	1.7	7	647.2		
3	u0002	1.2	0.1	0.5	0.9	9	1561.8		
4	u0003	3.8	3.9	0.4	3.2	5	147.4		
5	u0004	1.7	0.3	0.2	1.1	1	460.8		
6	u0005	3.6	1.5	0	2	3	205.4		
7	u0006	1.2	3.5	1	1.9	10	209.4		
8	u0007	1.4	0.4	0.3	1.2	4	539		
9	u0008	1.3	0.5	0.7	1.2	0	514.2		
10	u0009	1.6	0.9	0.2	0.9	3	433.8		
11	u0010	0.9	0.5	2.3	2.1	9	317.6		
12	u0011	0.9	1.1	0.5	1.6	3	531.5		
13	u0012	2.4	0.6	0	1.4	1	324		
14	u0013	2.6	1	0.6	1.5	7	281.7		
15	u0014	0.5	0.1	0.7	0.7	6	924.5		
16	u0015	3.7	0.5	2.3	2.8	3	183.1		
17	u0016	1.1	0.3	2.1	1.6	10	334.8		
18	u0017	0.7	0.9	2.1	1.2	3	335.2		
19	u0018	3.8	1.4	0.3	2.5	1	197.9		
20	u0019	2.9	0.1	0.3	1.8	3	274.3		
21	u0020	0.9	0	0.2	1.4	7	867.8		
22	u0021	1.5	1.1	0.9	1.8	0	387.4		
23	u0022	1	0.3	0.7	1.6	6	636.5		
24	u0023	1.1	3.1	1	1.7	1	232.8		
25	u0024	3.6	1.2	0.4	2.1	10	210.2		
26	u0025	3.8	0.3	0.3	2.4	7	209.6		
27	u0026	0.5	3	0.5	1.6	4	259.9		

ユーザーデータのシートを見ると、右2つの列が埋まっていないので、こちらを埋めていきます。ターゲットAの距離列に以下の計算式を記述します。これはそのレコードの列と、ターゲットAの特徴をそれぞれ計算した後に、全て合計し、ルートをとります。これは、本節で説明した距離の計算を行う計算式です。これを列すべてにコピーします。

スプレッドシート 類似度

```
=sqrt(sum(Arrayformula(($B2:$D2 - '類似度_ターゲット'!$B$2:$D$2)^2)))
```

続いて、**類似度_ターゲット!** の後ろを **$B$2:$D$2** から **$B$3:$D$3** にしたものをその隣の列に入力します。上記とほぼ同じですが、比較先がターゲットAではなく、ターゲットBのデータになっています。これは参照するターゲットシートを下に1行ずらし、ターゲットBのデータを参照するようにしたものです。

全てにコピーアンドペーストすると、ユーザーデータシートは以下のようになります。

スプレッドシート ユーザーデータ 入力後

ユーザーid	平均飲み物注文数	平均食べ物注文数	その他平均注文数	何周おきの来訪	来訪からの経過	平均単価(M)	Aとの距離	Bとの距離
u0001	2.3	2	0.2	1.7	7	647.2	1.236931688	1.985572965
u0002	1.2	0.1	0.5	0.9	9	1561.8	0.5123475383	1.303840481
u0003	3.8	3.9	0.4	3.2	5	147.4	5.459853478	5.459853478
u0004	1.7	0.3	0.2	1.1	1	460.8	1.73781472	1.73781472
u0005	3.6	1.5	0	2	3	205.4	3.9	3.9
u0006	1.2	3.5	1	1.9	10	209.4	3.832753579	3.832753579
u0007	1.4	0.4	0.3	1.2	4	539	1.486606875	1.486606875
u0008	1.3	0.5	0.7	1.2	0	514.2	1.558845727	1.558845727
u0009	1.6	0.9	0.2	0.9	3	433.8	1.846618531	1.846618531
u0010	0.9	0.5	2.3	2.1	9	317.6	2.519920634	2.519920634
u0011	0.9	1.1	0.5	1.6	3	531.5	1.506651917	1.506651917
u0012	2.4	0.6	0	1.4	1	324	2.473863375	2.473863375
u0013	2.6	1	0.6	1.5	7	281.7	2.84956137	2.84956137
u0014	0.5	0.1	0.7	0.7	6	924.5	0.8660254038	0.8660254038
u0015	3.7	0.5	2.3	2.8	3	183.1	4.38520239	4.38520239
u0016	1.1	0.3	2.1	1.6	10	334.8	2.389560629	2.389560629
u0017	0.7	0.9	2.1	1.2	3	335.2	2.389560629	2.389560629
u0018	3.8	1.4	0.3	2.5	1	197.9	4.060788101	4.060788101
u0019	2.9	0.1	0.3	1.8	3	274.3	2.917190429	2.917190429
u0020	0.9	0	0.2	1.4	7	867.8	0.9219544457	0.9219544457
u0021	1.5	1.1	0.9	1.8	0	387.4	2.066397832	2.066397832
u0022	1	0.3	0.7	1.6	6	636.5	1.256980509	1.256980509
u0023	1.1	3.1	1	1.7	1	232.8	3.438022688	3.438022688
u0024	3.6	1.2	0.4	2.1	10	210.2	3.815756806	3.815756806
u0025	3.8	0.3	0.3	2.4	7	209.6	3.823610859	3.823610859
u0026	0.5	3	0.5	1.6	4	259.9	3.082207001	3.082207001

以上で各レコードとターゲットの類似度（距離）が計算できました。

2. シートの読み込みと散布図の作成

いままでと同様に、新規ダッシュボードの作成と、シートの読み込みを行います。「類似度_ローデータ」を対象データとして読み込んでください。

まず、閾値を決定するための分析を行います。グラフの追加から表を追加し、指標に、ターゲットAとの距離、ターゲットBとの距離を、集計方法を平均、中央値、最小値、最大値、標準偏差に変えながら順に入れていきます。

グラフ設定 表

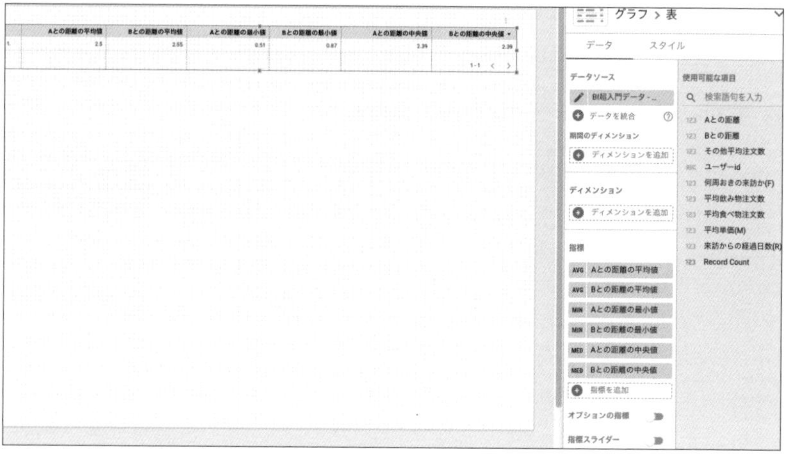

この結果を参考にし、いったん閾値を2.5にします。この表はもう使用しないため、削除します。

ここから実際にダッシュボードに使用するグラフを作成していきます。

グラフの種類	指標	ディメンション	フィルター設定
散布図	Aとの距離、表示用	ユーザーid	なし
散布図	Bとの距離、表示用	ユーザーid	なし

まず中段の散布図を作成していきます。ツールバーから「グラフを追加」をクリックします。グラフの中から散布図を選択します。追加されたグラフをクリックし、グラフ設定を右側に表示します。

横の値の広がり方を見たいのですが、Y列の設定は必須です。そこで、Y列を全て同じにするフィールドを作成します。「フィールドの追加」を押し、以下のように設定します。

フィールド 表示用

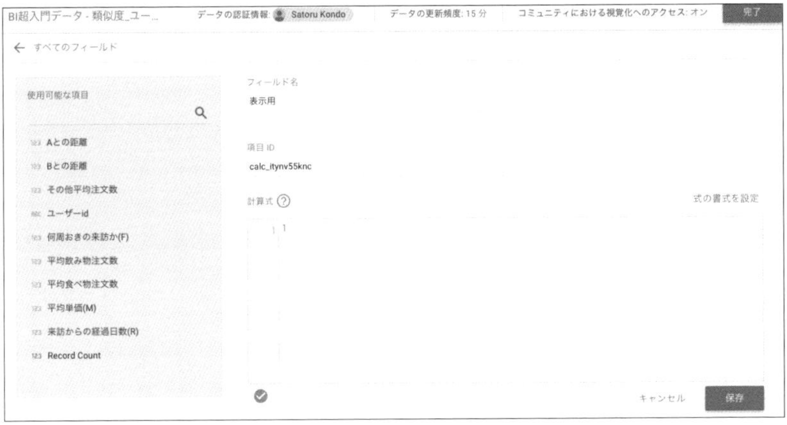

フィールドを追加したら、使用可能な項目から対象をドラッグアンドドロップし、ディメンションを「ユーザーid」、指標Xを「Aとの距離」、指標Yを先ほど作成した「表示用」を設定します。並び替えを「Aとの距離」にします。

グラフの設定 散布図

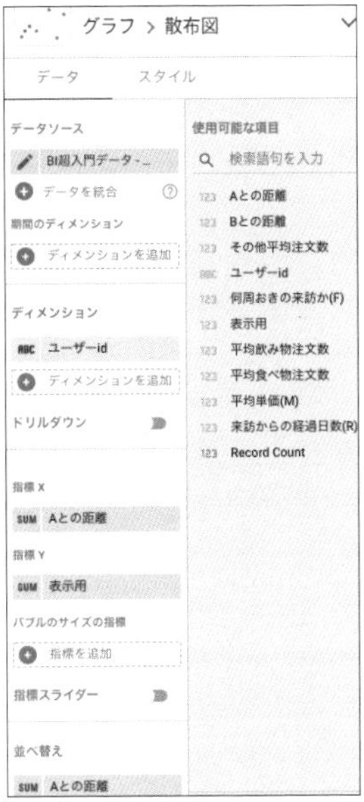

この散布図で距離の閾値がどのあたりになるかを表示できるようにします。閾値を動かせるようにしたいので、パラメータを設定します。パラメータを追加をクリックし、以下のように入力します。

パラメータ設定

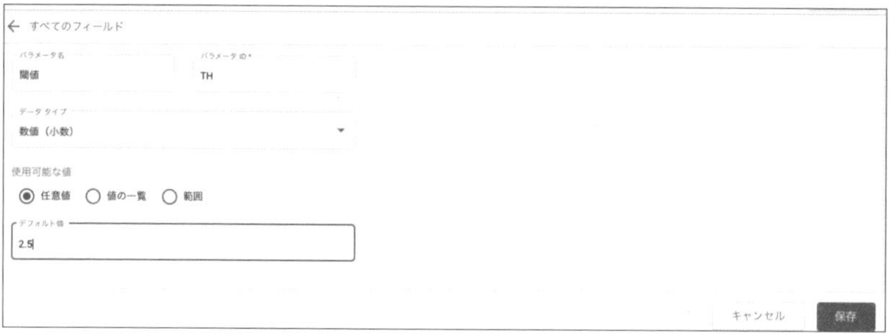

散布図に上記の値を受けて線を引くようにします。散布図のスタイルを以下のように設定します。

グラフの設定 散布図 閾値

この散布図を複製し、指標をBとの距離に変更したものを作成します。

最後に、ターゲットの特徴、閾値のコントローラを追加します。

ツールバーの「コントローラの追加」をクリックし、入力ボックスを選択します。コントロールフィールドを作成した閾値にします。

コントロールの設定

3. それぞれのターゲットに似たユーザーの情報の表示

残りのグラフを作成していきます。

グラフの種類	指標	ディメンション	フィルター設定
スコアカード	Record Count	なし	Aとの距離が閾値より低い
スコアカード	Record Count	なし	Bとの距離が閾値より低い
棒グラフ	平均単価(M)(平均)	表示用	Aとの距離が閾値より低い
棒グラフ	何周おきの来訪か(F)(平均)	表示用	Aとの距離が閾値より低い

棒グラフ	何周おきの来訪からの経過日数(R)(平均)	表示用	Aとの距離が閾値より低い
棒グラフ	平均単価(M)(平均)	表示用	Bとの距離が閾値より低い
棒グラフ	何周おきの来訪か(F)(平均)	表示用	Bとの距離が閾値より低い
棒グラフ	何周おきの来訪からの経過日数(R)(平均)	表示用	Bとの距離が閾値より低い

まず、ユーザー数を表示するスコアボードを作成していきます。ツールバーから「グラフを追加」をクリックします。グラフの中からスコアカードを選択します。追加されたグラフをクリックし、グラフ設定を右側に表示します。計算する対象をAに似たユーザーにしたいので、Aとの距離が閾値以下に絞るフィルターを作成します。

フィールドを追加を選択し、以下のように設定します。

フィールド 近いフラグ

「フィルタを追加」を選択し、以下のような設定します。これで閾値の値より低いものだけに絞られるようになりました。

フィルター 近いユーザー

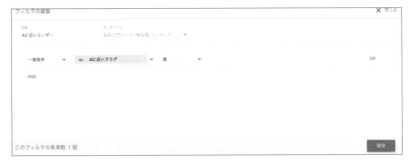

使用可能な項目から対象をドラッグアンドドロップし、指標を「Record Count」と設定します。指標名を「Aに似たユーザー数」に変更します。

グラフの設定 スコアカード

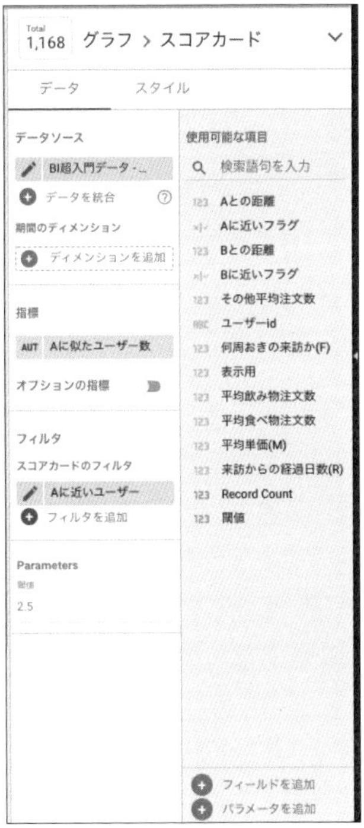

次に、このスコアカードを複製し、同様の手順を繰り返してB向けのフィールド、フィルターを作成しB用のスコアカードを作成します。

最後に、下段のターゲットに近いユーザーごとの特徴を表示するグラフを作成します。

ツールバーから「グラフを追加」をクリックします。グラフの中から横棒グラフを選択します。追加されたグラフをクリックし、グラフ設定を右側に表示します。使用可能な項目から対象をドラッグアンドドロップし、ディメンションを表示用、指標を平均単価（M）と設定します。集計方法を平均します。これを複製し、何週おきの来訪か（F）、来訪からの経過日数（R）に指標を変えたものを作成します。

さらに、この3つを複製し、以下のように軸を反転します。

グラフの設定 棒グラフ

左右同じ位置にある棒グラフに、先ほど作ったターゲットごとのフィルターをそれぞれかけ、色や位置などを整えます。また、ツールバーより埋め込みを選択します。スプレッドシートの「類似度_ターゲット」のシートのURLをコピーし、入力欄に貼り付けると、このシートが表示されます。

これで、ターゲットを変更したい場合はスプレッドシートを更新し、閾値を変更したい場合はコントロールを変更できるダッシュボードが作成されました。

補足

ここでは、類似度の説明にとどまりました。補足として、類似度を定量化するための距離に関して、複数の種類があるため、それについての紹介と、冒頭にも述べたクラスタリングについて、簡単に説明します。

距離に関して

今回はシンプルな**ユークリッド距離**で実装しましたが、扱うデータや目的に応じて適切な距離を選ぶことができます。

例えば**ハミング距離**や**コサイン距離**といったものが用いられます。そのほかに地理情報では、地球が球体であることを考慮して距離をだす**ヒュベニの式**を用いたり、移動時間を距離として扱うことも考えられます。これらの計算方法を覚えておくと応用が効くようになります。

加えて、距離は元の変数の単位や数値幅が大きいと、一部の変数の影響を強く受けることになります。そうしたことを考慮して、例えば距離データを作る前に正規化などをかけて、データの大きさの違いを吸収しておくことが多くなります。

クラスタリングおよび、教師なし機械学習に関して

今回は先に理想のユーザーを作成し、その類似度という形でデータを作成していきました。しかし、実際は理想のユーザーに関しても定義できない状況も考えられます。その場合は、クラスタリングという手法が用いられます。

これは、ユーザーの距離を利用し、似たユーザーを自動でまとめる手法です。これは今回のように、ターゲットを設定せずに、セグメント（クラスタ）に分けることができます。分けたセグメントを今回のダッシュボードのように表示し、ボリューム数や、クラスタの特徴の可視化などを行う

ことが可能です。

なお、このように、分類先が決まっていない状態で、新しい分類を作っていく手法は、機械学習では**教師なし学習**と呼ばれています。逆に分類先が、あるデータをもとに、分類先をまだ持っていないデータを分類するモデルを作る手法を**教師あり学習**と呼びます。類似度を使った教師あり学習は、分類先をまだ持っていないデータの分類先を予測します。その予測の際に、すでに分類先のあるデータと新しいデータの類似度を計算します。そして、似ているデータの分類先を予測値として使用します。

2▶9 データサイエンスを取り入れる4:DID

ここでは、施策実施後の効果のモニタリングや、振り返りで使うことを想定したダッシュボードを作成していきます。まず科学的な効果の推定の意義と、効果を推定するために行われる一般的な可視化を取り上げ、これらでは不十分な面があることを説明します。そのあと、比較的使いやすい効果の推定方法であるDID(Difference in Difference)について説明します。そして、DIDの結果の可視化用のダッシュボードを構築します。

DIDの利用ケースに関して

データサイエンスは科学的な思考に基づく、という説明をしました。特に科学的な思考プロセスにおいて、様々な要因を取り除き、想定していた規則がきちんとした効果を持っているのか示すことは非常に重要視されています。ビジネスにおいても同様のプロセスの重要性は**ABテスト**や**ビジネス実験**といった名称とともに導入され、重要視する流れもあります。というのも、施策の効果と他の要因の効果を取り違えた場合、意味のない施策を打ち続け、コストやリソースを無駄にするためです。

まず、ビジネスでよく用いられる振り返り時の一般的な**効果の推定**の分析を2つ説明します。

1つ目は、**前後比較**と呼ばれるものです。これは施策実施前と施策実施後の値を比較し、差分を効果と考えるものです。これは、施策を打たなかった場合は、打った場合とほぼ同水準になる、という仮定を置いていることになります。

2つ目のパターンは、施策ありと施策なしのグループを比較し、その差を効果とするものです。これは、2つの仮定をおいています。一つは、効果を測る指標が2つのグループでもともと同じくらいであるというものです。もう一つは施策時期にそれぞれのグループで施策以外の変化がなかった、というものです。

どちらのパターンも前提を満たしているのか、検討するのは難しいものです。今回は、計算方法を工夫することで上記よりもゆるい仮定で、効果を推定したものをデータサイエンスのアウトプットとします。そして、BIツールのアウトプットとしては、上記全てを表示し、振り返りの議論の材料にできるダッシュボードを構築します。

DIDとは

前項で説明した通り、前後比較や適当なグループ間の比較で効果を算出する場合、十分な仮定を満たせなかった場合、余分な影響が効果に混ざっていることになります。これを取り除くため、科学ではランダム比較実験とよばれる手法を用います。これは、対象にするグループとそうでないグループを無作為にわけることで、グループのもともとの差や、施策以外の偏った影響を取り除いて効果を推定しようとします。

しかし、実際のビジネスの場面では、コストに見合わない、そもそも成果にしか興味がないため、全てを対象に施策を実施するという状況が発生します。DIDはそのような場面でも、なんとか効果が推定できる可能性のある手法です。

基本的なコンセプトは、計算方法を工夫することで前後比較やランダムでないグループの比較の仮定を回避するものです。計算方法としては、2つのグループの前後をそれぞれ比較し、それぞれの変化の差を取り出します。続いて、この変化の差をそれぞれ比較して差をとり、それを推定効果とします。

DID

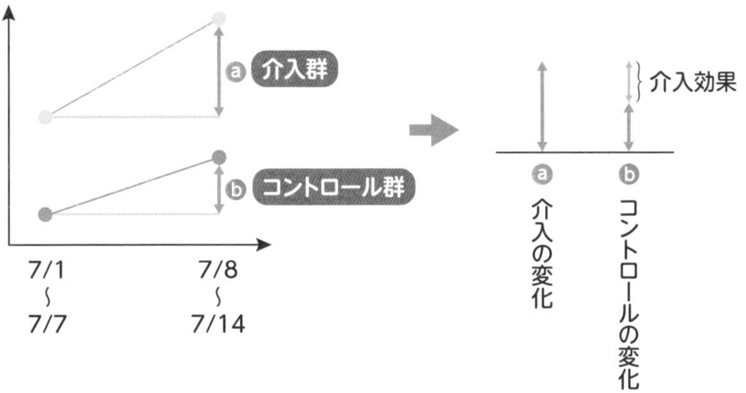

変化の差を比較したことにより、2つのグループの比較にあった、2つのグループの指標が同じくらいである、という前提を回避しています。加えて、前後比較の打たなかった場合は同じくらいになるはずという前提の一部を回避しています。

ただし、DIDでは**平行トレンド仮定**という仮定が必要になります。これは、比較に使う2つのグループ間で数値の絶対値は違っても、トレンド自体は同じ動きをする、という仮定です。これは実際の過去の動きや、定性的な情報に基づいて消極的に合意するほかありません。

ダッシュボード

ダッシュボードDID

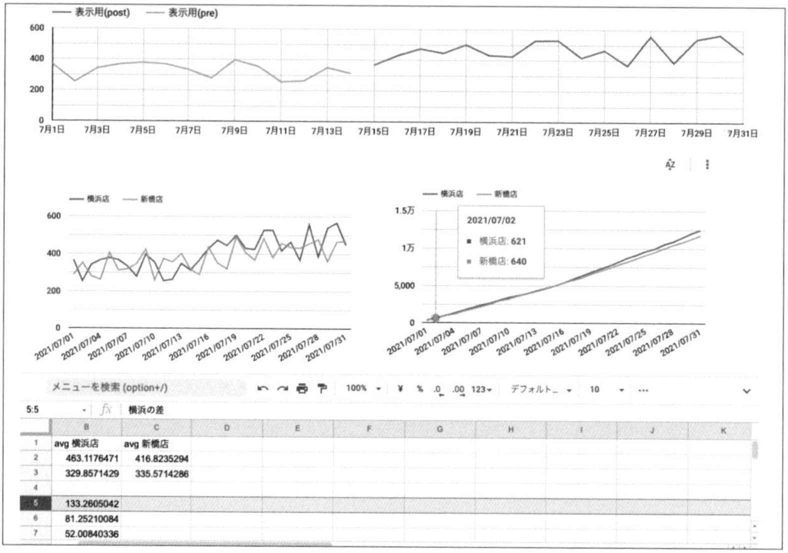

今回は、テイクアウトアプリの施策データを利用します。横浜店でのみ施策を打ったとし、DIDで他の店舗と比較し、効果を推定します。

上段には、施策後の単純な指標の推移を表示しています。これは純粋な効果を見ることがゴールではなく、指標の実測値を追っている人向けのものです。

中段は、DIDのサポート用に、2つのデータの動きや、内訳に差がないか、というのを確認しています。DIDで推定される値までは興味がなくても、比較対象と比べることで、効果があったことを直感的に知りたい場合に確認します。

下段には、DIDの推定効果を乗せています。これは中段の情報を頭に入れることで、DIDの前提を把握し、その上で具体的な推定効果を知りたい人が見るためのものです。

ハンズオン

それでは、実際にダッシュボードを作成していきます。使用するデータは以下の2つです。

・DID_データ
・DID_分析結果

今回はデータのシートを表示と集計元にし、集計した結果のスプレッドシートは埋め込みで直接表示する形になります。

スプレッドシート構成 DID

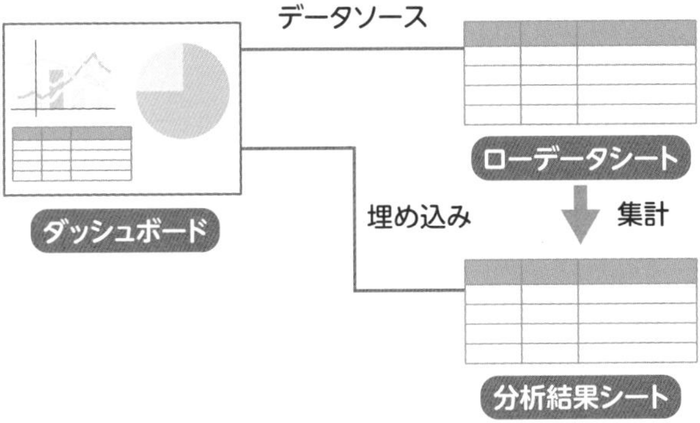

DIDの表示ダッシュボードの作成手順

1. DIDの計算を実施
2. ダッシュボードの基礎の作成
3. DIDの結果をダッシュボードに埋め込み

1.DIDの計算を実施

今回は以下の2つのデータを使用します。一つは実験の結果を記録したデータであり、日付とその日が施策前か否か、施策対象であった横浜店の数値と比較対象の新橋店の数値が記入されています。

スプレッドシート DID

日付	施策前後	横浜店	新橋店
2021/07/01	pre	367	288
2021/07/02	pre	254	352
2021/07/03	pre	341	280
2021/07/04	pre	367	262
2021/07/05	pre	378	406
2021/07/06	pre	368	312
2021/07/07	pre	333	319
2021/07/08	pre	279	347
2021/07/09	pre	396	425
2021/07/10	pre	355	258
2021/07/11	pre	256	375
2021/07/12	pre	263	356
2021/07/13	pre	348	402
2021/07/14	pre	313	316
2021/07/15	post	367	289
2021/07/16	post	428	436
2021/07/17	post	473	351
2021/07/18	post	445	321
2021/07/19	post	500	492
2021/07/20	post	431	408
2021/07/21	post	425	368
2021/07/22	post	527	483
2021/07/23	post	528	381
2021/07/24	post	417	458
2021/07/25	post	465	436
2021/07/26	post	367	433
2021/07/27	post	558	455

もう一つは分析用です。先ほどのデータを集計した結果を載せることで、差分の差を算出できるようになっています。

スプレッドシート DID分析シート

横浜の差	0	
新橋の差	0	
差の差	0	

集計はquery関数で行います。A1セルに下記のように入力します。

スプレッドシート DIDの集計

```
=query('DID_データ'!A1:D32,"select B,avg(C),avg(D)  group by B")
```

そうすると下記のように集計され、元から埋め込んだ数式により、DIDの結果が下段に反映されます。

スプレッドシート DID分析シート入力後

施策前後	avg 横浜店	avg 新橋店
post	463.1176471	416.8235294
pre	329.8571429	335.5714286
横浜の差	133.2605042	
新橋の差	81.25210084	
差の差	52.00840336	

これは難しい計算は行っておらず、施策前後で集計し平均をとったそれぞれの値から、店舗の差を作っています。この2つをさらに引き算することで差の差を算出しています。

2. ダッシュボードの基礎の作成

続いて、表示するダッシュボードを作成していきます。ここでは、以下のグラフを作成します。

グラフの種類	指標	ディメンション	フィルター設定
折れ線グラフ	表示用(post)(合計)、表示用(pre)(合計)	日付	なし
折れ線グラフ	横浜店(合計)、新橋店(合計)	日付	なし
折れ線グラフ	横浜店(累計)、新橋店(累計)	日付	なし

新しいダッシュボードを作成し、スプレッドシートを読み込みます。対象のシートはDID_ローデータです。

まず上段の折れ線グラフを作成します。施策前後でグラフの色が変わるよう、一工夫します。

ツールバーから「グラフを追加」をクリックします。グラフの中から折れ線グラフを選択します。追加されたグラフをクリックし、グラフ設定を右側に表示します。

次に前後で別の色にするために、フィールドを2つ作成します。「フィールドの追加」を押し、下記のように設定します。

フィールドの作成 前後表示

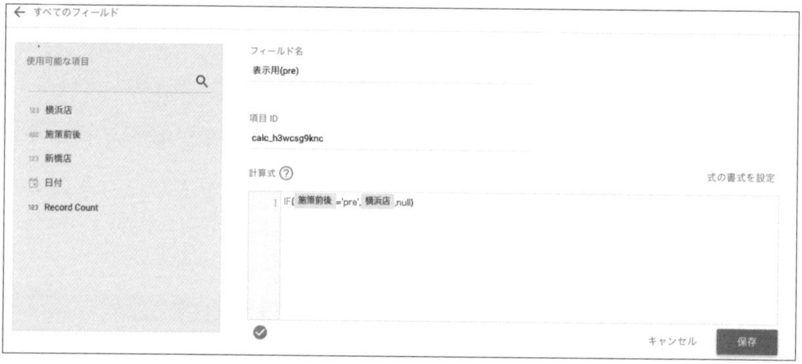

これは施策前のデータだけを残すフィールドです。逆に施策後のデータだけを残すフィールドも作成します。もう一度「フィールドの追加」を押し、条件を `='post'` にした、表示用(post)を作成します。この2つを折れ線グラフに追加します。

フィールドを追加したら、グラフの設定を行います。使用可能な項目から対象をドラッグアンドドロップし、ディメンションを日付、指標を表示用(post)、表示用(pre)と設定します。このように元は一つのフィールドを2つに分けることで色を変えています。

グラフの設定 折れ線

続いて、中段のサポート用のグラフを作製します。

まず、2店舗の動きを比較するためのグラフを作成します。ツールバーから「グラフを追加」をクリックします。グラフの中から折れ線グラフを選択します。追加されたグラフをクリックし、グラフ設定を右側に表示します。使用可能な項目から対象をドラッグアンドドロップし、ディメンションを「日付」、指標を「横浜店」と指標を「新橋店」と設定します。

グラフの設定 折れ線2

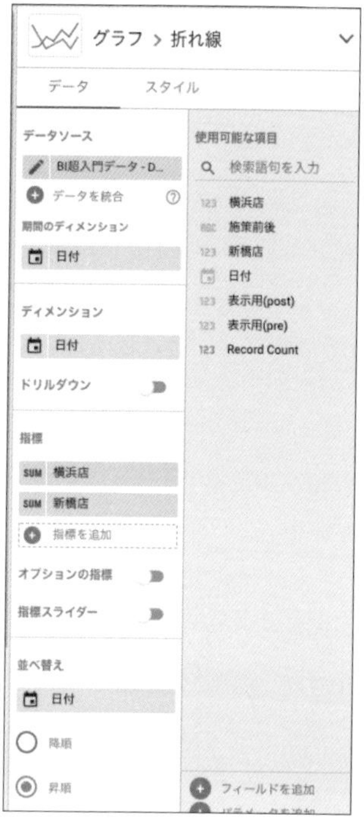

さらに、ばらつきを減らし、2つがどこで差がでたのかを見やすくするための累積グラフを作成します。ツールバーから「グラフを追加」をクリックします。グラフの中から折れ線グラフを選択します。追加されたグラフをクリックし、グラフ設定を右側に表示します。使用可能な項目から対象をドラッグアンドドロップし、ディメンションを「日付」、指標を「横浜店」、「新橋店」と設定します。

グラフの設定 折れ線3

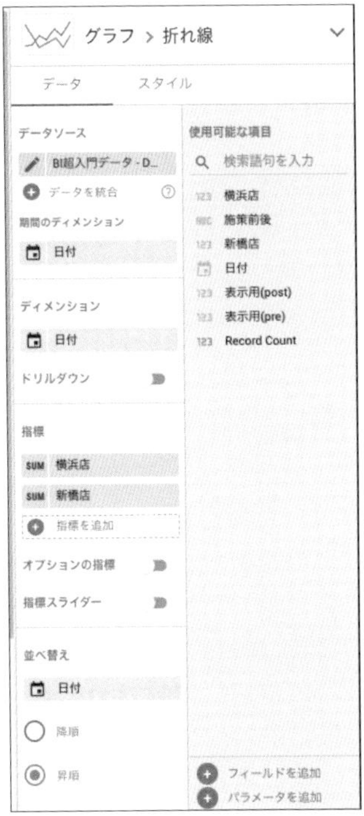

指標をクリック、集計手段を図のように累積になるように設定します。集計方法は「合計」、関数を「実行中の合計」にします。これを横浜店、新橋店の両方で設定します。

グラフの設定 折れ線3 集計方法

3.DIDの結果の埋め込み

最後に2で作ったダッシュボードに、いざというときの確認用に、スプレッドシートを埋め込みます。ツールバーより「埋め込み」を選択します。キャンバスの適当な位置をクリックするとオブジェクトが挿入されます。「DID_分析シート」のURLを入力し、スプレッドシートを表示します。

URLの埋め込み

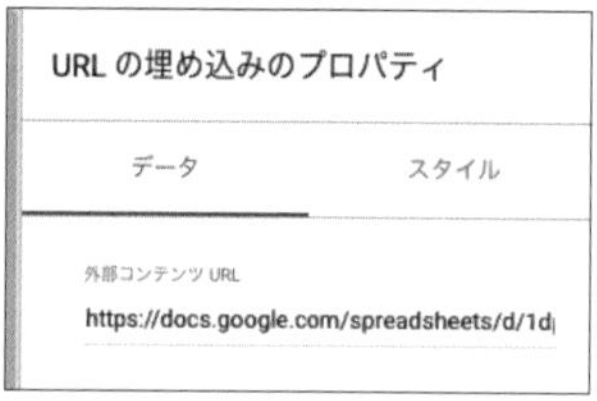

これで、上段で施策結果を確認し、中段で効果推定のための平行トレンド仮定を満たしながら、効果を確認できるダッシュボードが作れました。

実施前後だけでなく、期間が経ってからの効果を推定したい場合は、スプレッドシートにカラムを追加し、新規の「施策前か後か」の情報を持ったカラムを作成します。その後、同様の手順でダッシュボードの下段に分析を追加していくことが可能です。また、期間が長くなった場合、Data Portalのディメンションで集計粒度を変えたりすることなどが可能になっています。

補足:効果検証と組織課題に関して

比較的できる機会が多いDIDでも、事前に実験をきちんと設計していないため、前後のデータや比較できるデータが収集されていなく実施できないこともあります。そうした場合、Causal Impactといった手法や、似ているユーザーを比較するマッチング法など、手法の工夫で回避できることもあります。

しかし、実験が上手くいかない場合、組織運営の改善も必要です。組織運営が原因の場合、正しい効果測定のために、実験を設計、実施するインセンティブが弱く、手法などで解決しても価値につながらないためです。そうした構造的な課題がある場合、効果検証や実験は導入できなくなってしまうか、無理矢理でも効果があるように施策者にハックされてしまい、形骸化していまいます。

組織運営の悪いパターンの具体例を2つほどあげてみます。施策の実施そのものに個人の評価が紐づく状態が考えられます。この状態では、施策効果を高めることより、施策を実施することが個人にとって合理的になります。同様に、施策の結果が直接的な個人の評価となる場合も問題です。この場合は、何がなんでも効果があることにした方がメリットがあることになります。

例として、Twitterのfleet機能の実験があります。fleet機能は短期間で削除されるメッセージ送信機能でした。Twitterはこの機能を実験的提供しましたが、結局除却しました。この判断の根拠はこの機能が目指していた指標にインパクトしないため、利用されていても意味がないため、ということでした。

これ自体が実験のフレームワークに乗っていたのかは定かではありません。しかし、少なくとも新しく始めたことでも効果が認められなければ撤退を許す組織であったことを示しています。こうした姿勢は実験をする上でも非常に重要です。失敗が許されない場合、全ての実験は成功であったことにしないといけなくなってしまいます。そうした状態でデータを見ても、何も見ていないのと同じことです。

効果検証や実験が行われることは、勘に頼らない施策の投資撤退の評価の土台になります。さらにこの土台の上には、**機械学習による自動化**や、**多腕バンディット**という、より高度な体制構築を進めることができます。こうなると、変化の激しい環境でも、事業を成長させるための重要な学びをデータから獲得することができるようになります。

ただし、そうなるためにはデータサイエンティストに丸投げし、高度な手法によって強引な分析を実施することを最初に選択すべきではありません。これによって出てくる分析結果だけでは、利用者側が評価される基準によっては、解釈時に結果が歪められることがあるためです。それよりも、まずシンプルにデータで施策を振り返ることを徹底し、実験を推奨する文化を定着させることから始めなくてはいけないことを意識してください。

memo

効果検証の手法に関して、入門としては「データ分析の力 因果関係に迫る思考法(光文社)」などを参考にしてください。各手法のより詳細な原理やRでの実装に関しては「効果検証入門(技術評論社)」などを参考にしてください。

実験を組織に導入するには、「リーンアナリティクス(オライリー)」や「A/Bテスト実践ガイド(アスキー)」「ビジネス実験の驚くべき威力(日経BPM)」が参考になります。また、A/Bテストや多腕バンディットといった実験データの分析に関しては「ウェブ最適化で始める機械学習(オライリー)」を参考にしてください。

2▶10 情報管理を行う

ここではダッシュボードが増加した後のBIツールの管理について述べます。KPIモニタリングや、ツール化、可視化による分析が普及すると、多くのダッシュボードが作成されます。こうなった場合におきる問題について述べ、それに対処するための情報管理の機能について学んでいきます。

情報管理機能としての利用ケース

今までは個別の目的に対して、ダッシュボードを1つ作ってきました。こうしたダッシュボードは利用者や利用ケースが決まっていました。しかし、時間が経つと新規参画者や業務の変更に伴い、この関係性が曖昧になってきます。特に組織に新しく参加した人や、プロジェクトに新しく参加した人は、情報がどこにあるのかわからず、すでにあるものをゼロから作ってしまいます。

作製したダッシュボードをきちんと管理し、探せるようにすることで、こうした問題に対処可能です。利用者側にとっては情報を探す手間が下がり、開発者側は重複したものを作る手間を減らすことができます。

ここでは新しいダッシュボードの作成は行いません。その代わり、今まで作製したダッシュボードを管理する方法を述べていきます。その際に、ここではスプレッドシートを使い、ダッシュボードの情報を一枚のシートにまとめていきます。これを使うことで、この組織で見られている情報の一元化を進めていきます。このシートを提供することで新規参画者は現在どのような情報を組織が見ているかを把握することが可能になります。

情報管理機能とは

最近のBIツールはデータプラットフォームを名乗ることが多くなってきました。これは、単にグラフを作ったりするだけではなく、必要な形で情報を提供する基盤へと発展しようとしているためでしょう。データプラットフォームに該当する機能はいくつかありますが、ここではダッシュボードを整理し、検索などで必要な情報へのアクセスを補助をする機能について説明します。

さて、これらの機能の目的はすでに述べたとおり、情報を公開し、素早くアクセスできるようにすることです。分析した結果や、数値の報告用の資料は、それらと関係している人はどこにあるかわかりますが、それ以外の人はなかなかアクセスできません。結果、情報の流通を妨げ、情報を必要とする業務の効率化の妨げになります。

BIツールは、作成したダッシュボードへのアクセス手段を多様に用意しています。そのため、アクセスすること自体は簡単になってきています。しかし、一つ一つへのアクセスは簡単でも、乱雑に格納されている場合、慣れている人以外は目当てのダッシュボードへたどり着くことが難しくなります。

そこで情報管理する機能では、ダッシュボードを整理して一覧表示したり、関係情報を付加して探しやすくしたり、検索機能でアクセスできるようにしています。また、ダッシュボード間に関連情報をつけることで、見た情報に関連した情報を見たいという要求に応えられるようにしています。

Data Portalは残念なことにこうした機能を要していませんので、似た状態をスプレッドシートで構築していきます。

ハンズオン

ここでは今までのダッシュボードを全て利用します。また、スプレッドシートは分析用のデータを格納するものではなく、表示する画面としての扱いとなります。

ハンズオンの作業内容

1. スプレッドシートによるポータルサイトの構築
2. URLパラメータを使ったリンクの構築

1.スプレッドシートによるポータルサイトの構築

スプレッドシートで用意されたポータル、というシートを開いてください。ここには今までのハンズオンで作ったはずのダッシュボードの情報が記載されています。

まず、今まで作製したダッシュボードのURLをコピーし、URL列にペーストしていってください。

ダッシュボード列には`hyperlink`という関数が組み込まれています。この列をクリックすると、URL列にペーストされた画面に遷移するようになっています。

スプレッドシート ポータル

A	B	C	D	E	F	G
章	節	ダッシュボード	作成日	概要	オーナー	URL
1	全て	1章平均金額ダッシュボード		平均金額の分析結果		
2	2	KPIモニタリングダッシュボード		事前決済率のモニタリング		
2	3	KPI分析ダッシュボード		事前決済向上の分析結果		
2	4	意思決定ダッシュボード		キャンセルタイミングの分析結果		
2	5	情報検索ダッシュボード		チラシ配り情報検索ツール		
2	6	単回帰分析		KPIの確認ツール		
2	7	時系列解析		着地予想の分析ツール		
2	8	類似度		ターゲットの分析ツール		
2	9	DID		施策結果の確認		
2	10	単回帰分析(パラメータ1000のとき)		KPIが1000の時、KGIはどのくらいか		

これでダッシュボードの一覧が管理できるようになりました。このスプレッドシートのURLを共有することで、管理しているダッシュボードがわかるようになります。

◇ 2.URLパラメータを使ったリンクの構築

フィルターやパラメータを使ったダッシュボードは作成者側からすると、管理するものが減らせるメリットがあります。

しかし、利用者側は毎回その設定をする必要があり、うまく使えないことがあります。

そこで、このスプレッドシートを利用して、ダッシュボードを増やさずに、店舗ごとのダッシュボードがあるかのようにみせる方法を考えます。こうすると、利用者はアクセスするだけで済むようにしてみます。

2-7で作成した単回帰分析のダッシュボードを開きます。

ツールバーから、リソースをクリックし、レポートのURLパラメータの管理をクリックします。

レポート設定 URLパラメータの管理

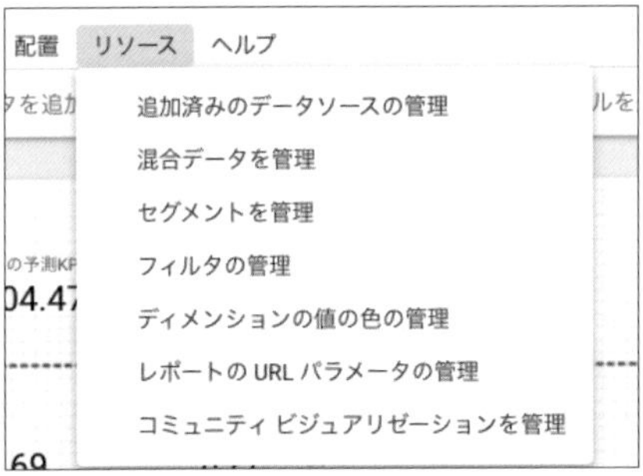

パラメータの管理画面が開くので、シミュレーション用KPIの一番右のチェックボックスにチェックを入れます。これで、ダッシュボードのURLを変えることでパラメータを変えることができるようになりました。

レポート設定 URLパラメータの管理 変更許可

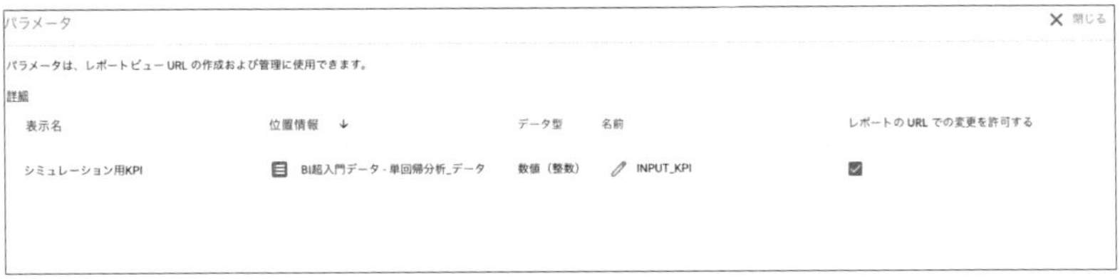

このダッシュボードのURLの後ろに`?config={"@INPUT_KPI":1000}`をつけ、スプレッドシートに記載します。一番下の、単回帰分析（パラメータ1000のとき）のURL列にURLをペーストしてください。@INPUT_KPIは先ほどの画面の名前の部分にある値にしてください。

このリンクを開くと、上記のパラメータが1000になった状態でダッシュボードが表示されます。

このように、パラメータとURLパラメータを用いることで、1つのダッシュボードを複数の見せ方ができるようになります。

利用者は同じダッシュボードであることを意識せず、作成者からは重複しない形でダッシュボードを管理できるようになりました。

これを応用することで、集計期間を変えて毎月の報告ダッシュボードをスプレッドシートに乗せて管理するなどといったことができるようになります。

構成図

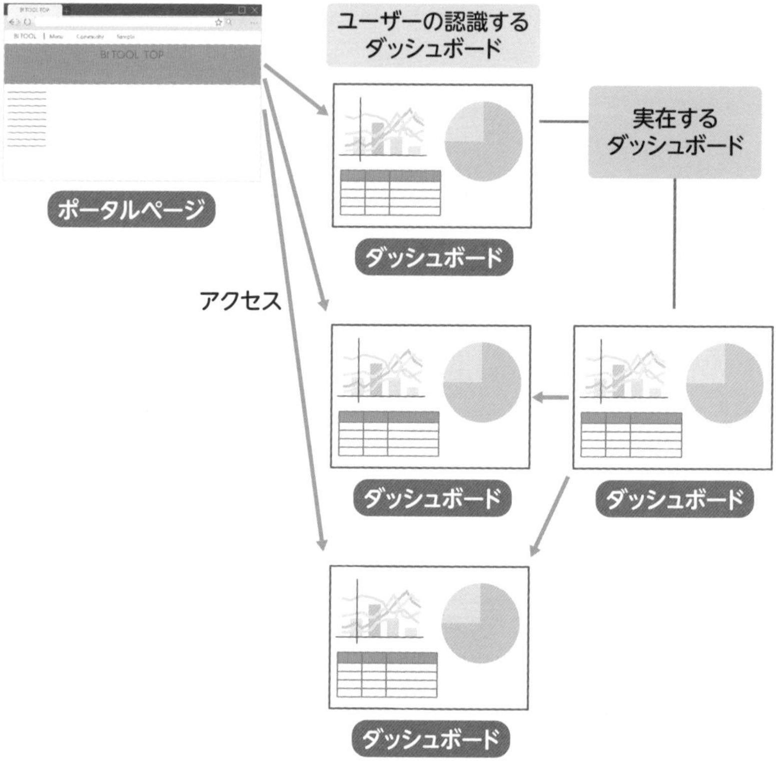

補足：どのように整理するべきか

ここで扱ったポータルページは実際はどのようなものを設計したほうが良いのでしょうか。基本的にはまず、組織の構造に合わせて情報を整理すべきです。なぜならBIツールで提供される情報はKPIモニタリングと同様に、組織の目指すべき方向や歩みと連動しているべきだからです。そこで、整理としては、全体で見るもの、組織で見ているものといった形の表を作って表示していくといいでしょう。

ポータルページは検索よりも一覧を重視するのがおすすめです。検索機能はあると便利ですが、Googleの検索ページのように、検索窓だけを表示するというのは避けたほうがよいでしょう。検索機能が役に立つのは、すでに知りたいことがわかっている状態です。それがわかるまでは、どんな情報があるのかを知ることから始めるため、一覧を与えられたほうが楽です。

トップページに載せるには情報が多くなりすぎた場合は、重要な情報だけをトップに置くにとどめる方がよいでしょう。それ以外は作成日などの検索しやすい情報をつけて、もう一枚別のシートで検索するようにすると使いやすくなります。

また、ある程度使い方が決まった場合、ダッシュボードにテキストなどで他のダッシュボードのURLを貼ると移動が便利です。使い方が決まった場合というのは、例えば、このダッシュボードのあとにこちらのダッシュボードを見ることが多い、ということです。この場合、まずは図のように情報を見る階層構造をしっかりさせてから、横の繋がりを増やしていくようにすると、利用者が迷子になりにくくなります。

「情報アーキテクチャ入門（オライリー）」によると利用者が情報を探索する際、いくつかのニーズが存在します。例えば、すべてのものを集めたい、ふさわしいものだけ見つけたい、いくつかの適したものを確認したい、再度必要になったものにアクセスしたい、といったものです。そして、探索作業としては、ブラウジング、検索、人への質問といった行動をとります。自身の組織の情報アクセスはどのような組み合わせが多いのかに合わせて、整理の仕方をぜひ考えてみてください。

2▶11 データの加工に関して

本章の最後として、BIツール向けのデータ加工について説明します。データ加工はBIツール上でやる場合と、読み込む元データ側で行うことがあります。基本的にBI上で行うのは表示を見やすくするための加工にとどめた方が良いでしょう。本節では、そうした際に用いる関数を整理していきます。

変数の追加方法

右下の「変数の追加」を選ぶことで、変数を追加することが可能になります。

フィールドの追加

フィールドの変更

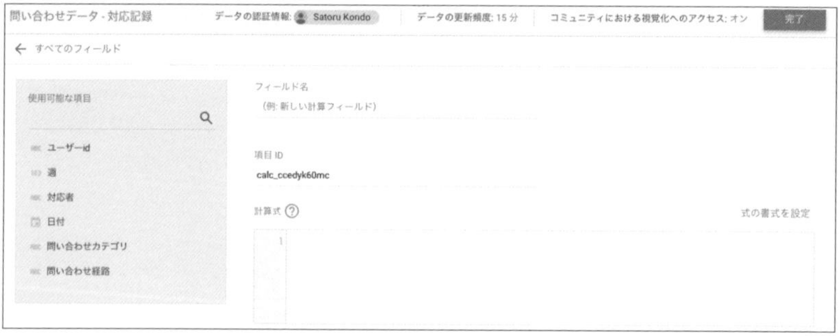

よく用いられるケース

最初に述べた通りBIで用いられる加工は、表示に関するものが多くなります。

例えば以下のようなものがあります。

- 文字列データの場合は階層性を調整するための加工
- 数字の場合は外れ値を調整してグラフに表示しやすくする加工
- その他、日付の差分など新しい分析用の指標を作るための加工

例えば、よく以下のようなものが用いられます。

文字列データの場合

目的	関数など	例
途中まで同じ文字列の場合、同一階層にまとめる	left_text	URLのデータでパラメータを除いて、同じURLでまとめたい
正規表現で一部をとりだして、同一階層にまとめる	regexp_extract	URLで特定のパス部分だけ抜き出して属性にしたい
空白文字や打ち間違えを変換して、同一階層にまとめる	replace	漢字の打ち間違えを置き換える
複数列で表現された階層を、一つの列として扱いたい	concat	都道府県と市区町村を一つにまとめたい
いくつかをまとめた、1つ上の階層を作りたい	if	21歳、22歳などを20代など年代としてまとめたい

数字などの場合

目的	関数など	例
ハズレ値を除外したい	if	外れ値で散布図がわかりにいのでまるめておきたい
変化が大きく違うデータをおなじグラフにいれたい	log10	国ごとの感染者数の推移を表示したい
経過日数を取り扱いたい	date_diff	コホート分析を行いたい

また、数値の場合、統計学の知識を用いて、ばらつきの範囲を計算して表示する、といったことも行われます。

こうした加工はツールによっては関数が用意されていなかったり、挙動が異なることもありますので、ツールのヘルプをかならず参考にするようにしてください。

memo

データの加工方法や使い所は無数にあるため、それを目的とした書籍として「前処理大全(技術評論社)」や統計学の本の計算式なども参考にしてください。

レベルアップ編：第3章

BIツールに関する知識をつける

3▸1 BIツールを取り巻く環境について

ここでは第3章の執筆理由と内容について紹介しています。第3章は今までと異なり、ハンズオンで操作に慣れるよりも、情報系システムやBIツールの用語や知識に慣れることを目標としています。ここではそれらを学ぶための、導入事項に付いて述べています。

▶ 情報系システムに関わる問題

本章ではBIツールを取り巻く環境の必要な用語、概念、基礎知識を学んでいきます。本書の冒頭でも述べたとおり、BIツールは企業の情報系システムの一部であると同様に、より広い範囲の機能を取り入れるようになっています。それゆえに、境目が曖昧になってきており、「BIを使う人」といってもその業務範囲がわかりにくい状態です。

冒頭でも述べたとおり、BIを使う場面は拡大し、需要は増えています。にもかかわらず需要側もどんな人が欲しいのかわからないため、いざ現場に出てみると、思ったよりも対応範囲が広く、対応できないという問題が起こりがちです。

また、新規参画者が馴染むまでに時間がかかることもあります。例えば、情報系システムが十分発展するとサブチームに別れており、知識がそれぞれのサブチームに閉じてしまうことがあります。閉じてしまった知識を、他のチームの新規参画者が、キャッチアップするのは難しくなってしまいます。

そうした状況で困る人を見てきた経験から、情報系システムに関する知識で平均的なものを学べるように本章を執筆しました。ここにある知識をもとに、現場がどういう状況なのかを把握しやすくなることに役立てていただくことを目指しています。情報系システムに関する知識というのは、構成するBI以外のETL,DWHというサブシステムや、その環境の発展の順番、人員などです。

本章は、そうした全体の様子をつかんでいただくことを目指しています。最低限の知識がつけば、人に相談したり、別の書籍に当たれるようになるためです。この一冊で完璧は難しいですが、そうした最初の一歩になることを目的に執筆しました。

情報システム一巡り

ここでは、本章に入る前に全体感を把握してもらうことを目的としています。

情報系システムは本書の冒頭にも述べたとおり、企業内で情報を吸い上げ、分析する機能を持っているものです。これは、業務に使われる基幹業務システムや、サービスとして顧客に提供される提供サービスシステムとは異なります。情報系システムは、インフラや運用体制なども含め、データ分析環境と呼ばれることもあります。

情報系システムには必要となる機能がいくつかあります。そうした機能はデータを貯蓄するDWHや収集を担当するETLと呼ばれるサブシステムとして実装されていることがあります。また、実装しなくても、こうした機能に特化したツールが導入されていることもあります。

情報系システムに求められるニーズは、組織によって違いますが、最初のうちは、ニーズが小さく、簡単な機能で答えることができます。このタイミングでは、表計算ソフトや人手で業務を行ったり、機能が拡大されたBIツールが情報系システムやデータ分析環境を全て担う形で導入されることがあります。そして、ニーズの高まりつれて他のツールと組み合わせてシステムが巨大化していくことになります。

こうした情報系システムの機能を本書ではデータの収集、蓄積、加工、可視化、配信/共有、メタデータ管理、ジョブ管理、パフォーマンス管理の8つをあげています。これらを組み合わせてBIツールに関する業務は行われていきます。

BIツールの業務は、自発的にやるものから、依頼をうけてダッシュボードを作るものまで、現場によって異なります。依頼に関しては、まだまだBIツールの依頼に慣れている人は少ないため、積極的に依頼者の意見の整理と提案をしていく必要があります。これは意外と難しいため、依頼の詳細化、アウトプット内容のすりあわせ、というように、作業ステップを定義し、業務プロセスの標準化をするのがお勧めです。業務が標準化されていると、初心者でも安心して業務を行えますし、依頼者も安定した成果物を得ることができます。

以上のような内容の詳細を本章で説明していきます。

本章の内容

本章は大きく分けるとデータ分析環境を含む情報系システムに関する部分と、組織や業務に関する部分に分かれています。

前半は情報系システムに関する節となっています。まず、今までの章のような個別の利用ケースから離れて、組織全体でBIツールのニーズがどう変わっていくのかについて述べていきます。続いて、今まで学んだことの復習としてBIにはどのような機能があったのかを整理します。そして、それが情報系システムや、データ分析環境とどう関係しているのかについて述べていきます。その後、情報系システムやデータ分析環境のサブシステムであるETLとDWHに関する基礎知識を整理します。このカテゴリの最後として、より個別のBIツールプロダクトについて説明します。

後半はBIツールのチームとして動く場合の情報について述べていきます。ここでは依頼を受けた場合の業務フローや、チームのメンバーを揃えていく上で必要なケイパビリティの棚卸しの例を挙げています。そして、最後により広範囲な概念としてデータマネジメントについて説明していきます。特に、企業のデータ利用が進む中で、その利活用をどう上手に行なっていくか、というのは重要な課題となっています。そのアプローチの一歩としてデータマネジメントについても触れています。

3章の内容

カテゴリ	本章の該当節
情報系システムやデータ分析環境	3-2.BIツールが使われるケース 3-3.BIツールとデータ分析環境の立ち位置 3-4.ETL(ELT),DWHに関する基礎知識 3-5.BIツール
組織や業務	3-6.BIエンジニアの業務フローとケイパビリティに関して 3-7.BIとデータマネジメント

memo

情報系システムに用いられるサブシステムに関しては、「BIシステム構築実践入門(翔泳社)」が参考になります。システムというより環境の面での知識は「ビッグデータ分析 システムと開発がこれ1冊でしっかりわかる教科書(技術評論社)」が参考になります。さらに組織や事業との関係性まで含めると「経営のためのデータマネジメント入門(中央経済社)」が参考になるかと思います。

3-2 BIツールが使われるケース

この節ではBIとは何か、どんなときにどう価値を持つのかを言語化していきます。大前提は、どんな状況でもフィットするBIツールがあるわけではない、ということです。それに際し、この章まで学んだことを振り返り、BIツールとは何か、というのを整理し、BIという目的とツールに分け、組織のBIの段階という形に整理しています。

BIツールはいつ必要になるのか

Business Intelligenceが上手くいっている組織は「個々が事実に基づいて迅速に意思決定」できている組織です。

こうした状況の実現には、多くの人が情報にアクセスしたり、情報を作り出せる状態である必要があります。その状態にするには、データの加工や、流通が簡単に大量に行われている必要があります。これらを簡単に大量に行うには、各人の能力や努力だけでは難しいでしょう。

BIツールはそれを実現するための手助けをする機能を持つツールです。本書で学んできたように、BIツールを用いることで、データの加工やグラフ作成などに簡単に変換できます。そして、更新や配信の自動化や、作ったものの管理などの機能が流通を支えます。

そのため、手助けが必要なものを上手く提供できると認知されたとき、BIツールは初めて組織に受け入れられます。これには、組織がBIのレベルを向上させようとしていることが大前提です。そしてその実現のために、上手くいっていない部分、入れようとしているBIの機能を合致させる必要があります。

必要な手助けの形はさまざまです。例えば、組織が立ち上がったばかりで、BIに必要な機能を個別に開発している余裕がないのであれば、包括的なBIツールを導入するのがよいでしょう。対して、組織が成熟し、それこそそれぞれの機能ごとにチームがわかれるような状態であれば、それぞれで専門的なツールを入れる方が効率がよくなっていきます。こうした場合、より複雑な可視化に対応したBIツールが必要な場合は、それに強いBIツールが求められるでしょう。逆に情報が素早く安定的に提供できるように、メンテナンスを重視し、再利用性が高いBIツールが求められるかもしれません。

念のためですが、BIのレベル向上が上手くいっていればBIツール以外でも問題ありません。ただし、必要な機能を素早く網羅的に獲得したい場合は、BIツールの検討から入ることは悪いことではないと思っています。

BIの定着フェイズ

前項で述べた通り、BIツールが適切に使われるケースはBIを組織に装着させ、その際に必要な機能をBIツールが適切に提供できる場合ということになります。以下ではヒアリングなどをもとに、組織がBIを定着させていく段階を整理し、3つのフェイズに分けました。BIツールの導入の際に、どんなBIツールを導入するかの参考にしてみてください。

以下のようにBIの定着段階を3つのフェイズに分けて説明していきます。

BIの定着段階

1. 立ち上がりフェイズ
2. 成長中フェイズ
3. 成熟フェイズ

後半に行けば行くほど、広範囲な機能を持つBIツールの与えるインパクトは失われていきます。つまり、導入して使いたい、と思うケースが少なくなっていくということです。ですので、情報の流通体制が整っていると自認している組織である場合、BIツールの価値は伝わりにくく、導入に納得してもらうのが難しくなるとも言えます。

立ち上がりフェイズ

BIを組織に根付かせるべき、と気づき、動き始めた状態です。この状態は、まだ具体的な環境構築が行われていない状態を想定しています。すなわち、共有フォルダでのエクセルなどの共有なども行われていない状態です。

この時はいくつかの問題が存在します。例えば、データソースがバラバラに点在し、統合した分析が行えないなど、です。

また、業務にあてられる人材が少ないということもあります。そうなると、他の業務の片手間にデータの業務が行われることも多くあります。

そうした状況では、データ業務だけを専門にこなすのは難しくなります。そのため、この状態の場合、なんでもできるBIツールがひとまず導入されます。こうすることで工数負荷を下げつつ、ひとまずデータ業務が回る状況を目指すことになります。

立ち上がりフェイズの特徴

- データ分析ニーズの特徴： 複数のデータソースを組み合わせる必要があるなど、1つあたりの作業負荷が高い
- 分析者やデータエンジニア： 少数
- BIツールが産む価値：
  - 複数のデータソースからアウトプットするまでの作業負荷軽減
  - 収集、共有、配信、DWH管理専任のエンジニアの人数軽減
- BIツールの状態： 環境

◇ 成長中フェイズ

この状態ではデータを使うことの必要性は認知されています。例えば、「データが必要」という言葉が組織内で飛び交っています。作業としては集計や可視化などが表計算ソフトで行われていたりします。時に一部のメンバーが勝手に専用のツールを導入していることもあります。

ただし、この状態では人材が数、質ともに必要十分揃うことは稀です。そのため、一部のできる人に業務が集中します。もしくは、今までやっていた業務の延長で行われ、処理時間や手数が多く非効率です。

データの需要が供給を上回り続けた状態になりがちで、解決策としてBIツールが導入されます。ある程度簡単な作業は効率化されはしますが、需要を満たしきるのは難しくなります。

こうした時にBIツールで、ダッシュボードの表示を手軽に変えられる等の効率化の工夫が必要になってきます。そのため、BIツールもそうした機能が豊富なものが好まれやすくなります。

また、組織で特に重要になる部分では、BIツールの機能では不十分になることが多くなります。それを満たすために個別の専門ツールの導入の検討が起こります。

成長中フェイズの特徴

- データ分析ニーズの特徴： 同じ数値に対して、見方が増えた状態。一本あたりの作成より、作成数の負荷が高い
- 分析者やデータエンジニア： 簡易な分析者（加工されたものを見る）に対して、高度な分析者やデータエンジニアが不足している
- BIツールが産む価値：
  - パラメータやドリルダウン、そのためのキューブ実装で複数作成の負荷を下げる
  - DWH層とビジュアライズ層の切り出しが進むが、BIエンジニアの知識範囲で済み、管理べき頭数が削減できる
- BIツールの状態： 一部別のツールで切り出されているが、環境として機能している

◇ 成熟期フェイズ

このフェイズになると、組織内の至る所にデータが用いられた業務が発生し、それぞれが独自の発展を遂げていることが多くなります。用いられる機能も業務や組織によって部分最適化されていることが多く、BIツール以外のツールが複雑に絡み合い、全体としてBIを体現することになります。ただし、各BI機能のカバー範囲やツール、利害関係などが衝突することも多くあります。そのため、情報の流通は重視されますが、全体最適化が今度は課題になり、標準化と個別の効率化のためにツールや組織の変更が定期的に繰り返されるのが特徴です。

成熟期フェイズの特徴

- データ分析ニーズの特徴: 利用者数が多く、ニーズの種類もレベルも多種多様。ニーズの整理や、メンテナンスの工数やツールのパフォーマンスをどうにかしてほしいという要望も多くなる
- 分析者やデータエンジニア: 簡易な分析者の割合が増え、データエンジニアは細分化する
- BIツールが産む価値:
  - 簡易な分析者でも扱えるツールとして、データエンジニアや分析者の頭数を抑える
  - 組織の中で重要視しない機能の専門家の頭数を抑える
- BIツールの状態: 大半の機能が別の専門ツールに切り出されており、環境の一部という側面が強くなる

3-3 BIツールとデータ分析環境の立ち位置

前節ではBI環境の発展にともない、求められる機能が異なるツールに細分化されていくことを述べました。この節では各機能の概念を整理し、理解してもらうことを目標としてます。この節ではBIに必要とされる機能を8つに分割して説明していきます。これにより、次節のBIツールの比較や、自身のBI環境の整理の前提知識としていただくことを目標としています。

BI環境で求められる8の機能

まず、ここまででなんとなく触ってきた、説明されてきた機能に名前をつけて整理していきます。これらは実際に色々なBIツールに実装されている機能を参考に分類しました。それらを整理すると、現状で多く見られるのは以下の8つの機能になります。なお、今までのハンズオンでは、メタデータおよび、パフォーマンス管理以外の6機能を体験しています。

BI環境に求められる機能

1. データの収集
2. データの蓄積
3. データの加工
4. データの可視化
5. データの配信/共有
6. メタデータの管理
7. ジョブ管理
8. BI環境のパフォーマンス管理

ここでは、BI向上に求められる上記の機能について説明していきます。

その際に、BIツールに閉じず、別のツールにも簡単に言及します。これは、各機能がBIツール以外で実現されることもあるためです。ただし、AWSやGCPといったクラウドサービスの機能を用いられることもあり、詳細は本書のレベルを超えてしまいます。そこで、ここでは最小限の言及にとどまりますが、ご了承ください。

データの収集機能

最初に言及するのがデータ収集機能です。読んで字の通り、データを発生させ、蓄えているサービスからデータを抜き出してくることを目的としています。かつてはストレージのことを考え、量を減らす加工をしてから保存しました。その順番に合わせ、**抽出（Extract）・加工（Transfer）・保存（Load）**の頭文字をとり**ETL**ツールと呼ばれていました。現状では保存してから加工が行われることが多くなったため、**ELT**と呼ばれることもあります。本書ではそこを意識し、収集機能（EL）と加工機能（T）に分けて説明しています。

データを発生させ、蓄えるものは一つの組織の中でも複数あることが普通です。例えば、Google Analyticsのようなサービス、ヒアリング結果をまとめた共有フォルダにおかれた表計算ファイル、自社のプロダクトや社内サービスのデータベースなどです。

接続の仕方はこうした収集元によって違いますが、収集機能はその違いを利用者が意識しなくても対象を選べば収集できるように作られています。ツールによって、これらの接続できる先に差があるので、必要なものが揃っているのか意識する必要があります。

収集機能の特徴

何をするか：　データソースからデータを抽出し、蓄積場所に転送する。

求められているもの：

異なった多様なデータソースに接続できることと、必要な頻度で無駄な負荷をかけずにデータが抽出できること

発展すると：

ETL/ELTツールと呼ばれるツールになる。基本的に接続できるデータソースが増えたり、それ自体が加工機能や可視化機能、ジョブ管理機能を持つようになる。代表的なツールとして、DataSpider,Talend,Troccoなどが存在する。

データの加工機能

次に加工機能です。収集機能や可視化機能とセットになっており、意識されないことが多いですが、データを扱っていく上で重要な機能です。集めたデータを使いやすくするために加工したり、可視化で必要な属性をつけるためにこの機能は必須になります。頻繁に使われるため、できる限り簡易に扱えることが求められることが多くなります。

組織が発展すると加工周りでは、共通化のニーズが発生します。一つには、ロジックを共有することで複数人で同じものを使う標準化をしたくなるためです。他に、同じ加工が利用者ごとに繰り返されるのは環境負荷がかかるため、一度だけにすることでパフォーマンスをあげるという理由もあります。

こうなった場合、可視化などの前に使いやすい形（中間テーブルやデータマートと呼ばれます）を作っておき、そこをBIツールが見にいくようになります。

すると、それを作成するためのロジックの定義、実行の重要性が高まります。その場合、複雑なロジックになっていくので、それを簡単に解決できる手段が選択されます。この手段は利用者の特徴によっても選択が変わります。例えば、専門性が薄い場合、画面操作だけでロジックが作れるノーコードのツールが採用されます。反対にコードによる記述に抵抗が薄い場合、複雑なロジックを記述しやすいプログラミング言語が使われ

るなどです。

加工機能の特徴

何をするか：

可視化のための加工と、抽出後に使いやすくするためにデータを加工するものがある。

具体的には複数のデータの結合や、入力データの置き換え、一定のロジックに基づいてデータの付加などが行われる。

求められているもの：

比較的簡易にデータを加工できること。

発展すると：

ツールとして独立するより、ジョブが作成され、ジョブ管理ツールで実行が制御され、DWH上などで実行されることが多い。ジョブの作成にはSQLが用いられることが多く、dbtのようにそれを拡張したツールもでてきている。また、DataSpiderなどのビジュアルコーディングで実装されたものが使われる。

データの蓄積機能（DWH）

データを保管し、管理する機能です。一部のBIツールでは、自分自身の内部にデータを蓄える機能を持っているものがあります。そうでない場合は、専用のデータベースなどを立て、そこを参照するため、BIだけではなくそちらのデータベースを管理する必要が出てきます。その場合は一般的なプロダクトに使われるデータベースから、BI環境向けのDWHに置き換えられます。すると、BIツールのチームとDWH管理のチームに分かれるという発展をすることもあります。

蓄積機能はただ貯めるのではなく、アクセスして使っていくことが目的となるので、使っていて遅くないか、といったパフォーマンスが非常に重視されます。加えて大量のデータが格納されていくため、保存量に上限がないかも意識する必要があります。これは単純な格納可能量だけでなく、量が増えるとパフォーマンスが悪くなったり、量によって金額が変わるといった制約を意識する必要があります。

なお、最近ではData Lakeと呼ばれるファイルを置く層と、利用者がアクセスするDWHという層を用意する動きも見られます。DWHでは一般的に使いやすい表形式のデータである必要があります。しかし、収集してきたデータによっては、そのままではLoadできないことがあります。そうした場合、一度Data Lakeに置いて、加工してからDWHに投入するという手順を踏みます。

蓄積機能の特徴

何をするか：

収集したデータの蓄積と加工や利用のためのアクセスされる

求められるもの：

保存量、アクセス時のパフォーマンス

発展すると：

RDBやDWHといったまさにデータベースと呼ばれるツールが担う。さらにこれにロードする前に保存するData Lakeや、利用用途ごとに構築されるData Martなどに概念的/ツール的に分化する。Google BigQuery,SAP HANAや自前で立てたMySQLなども利用される。Data LakeとしてはS3などのストレージサービスが用いられることが多い。

データの可視化および可視化の管理機能（BI）

BIツールの最もメインとなる機能です。機能が分化してしまった場合、イメージされるBIツールの機能はここなので、狭義のBIと呼べるかもしれません。

本書で今まで触れてきた通り、データにアクセスし、可視化をすることがメインの機能です。そのため、そうした集計や可視化が簡易であることが求められています。加えて可視化した結果を保存したり、それを探しやすくするプラットフォームとしての機能も重要です。なお、表示の際に遅いと利用者にストレスが溜まるため、描画を速くできる工夫の余地があるか、といった観点も使っていくと重要になっていきます。

可視化および可視化管理機能の特徴

何をするか:

　データにアクセスし、データの可視化のための処理を行い表示する

　また、可視化されたものを管理する

求められるもの:

　可視化の簡易さ、表示までの速度、探しやすさ

発展すると:

　BIツールの担う範囲の中心になる。あまりに発展するとピクセル単位での調整などが要求され、専用に実装するなどが必要になる。

データの配信/共有機能(BI)

作成した可視化を繰り返し利用することに備え、配信したり共有したりする機能です。一見すると地味ですが、これがあるのとないのでは、業務に必要な工数が大きく変わります。大量のレポートの配信を人力でやるのは難しいですが、機能を用いて自動化することで人のコストを抑えながら、情報の流通を拡大していくことが可能になります。

単純に配信や共有と言っても、どんな手段で行なっていくのかが重要になります。最近では社内の情報共有にイントラサービスやメールに加え、SlackやTeamsといったチャットツールも頻繁に使われるようになりました。そのため、情報の共有もこうした複数のツールに対応できることが理想となっています。

また、どんなタイミングで実行可能か、といったことも重要です。定期配信では、定刻で送ることが一般的です。しかし、監視などの場合は、データの内容によって送ったり送らなかったりを制御したいこともあります。他にも、なんらかの別のサービスの操作を起点に配信できるようにして欲しいこともあります。こうしたさまざまなニーズに答えられるかは、ツールによって差があるため、注意が必要です。

配信/共有機能の特徴

何をするか:
　加工されたデータ/可視化されたデータをBIツールの外に展開する
求められるもの:
　共有先の種類や、配信トリガーの種類
発展すると:
　ジョブ機能とプログラミングやRPAが使われることもある。最近ではBIツール自身がここを担うようになってきてはいる。例えば、外部(チャットやメール)にグラフやデータを連携できる機能はよくある。また、別のWebサービスに画面を埋め込むように、埋め込み用HTMLを出力する機能などもある。

メタデータの管理機能(データカタログ)

最近特に注目されている機能です。データの収集、蓄積が進み、利用者が増えてくると、背景を知らない利用者も増えてきます。またデータが増えすぎて、欲しいデータへのアクセスが難しくなり、「詳しい人」に聞かざる負えなくなります。それを防ぐために、蓄えたデータそのものに関する情報(メタデータ)を管理し、検索できる機能が必要とされています。

ただし、まだまだどのサービスでも機能は未成熟で実験段階というような状況です。またどうやってメタデータを記録したり、更新していくのか、というような運用面の課題も多くあります。

メタデータの管理機能の特徴

何をするか:

保存機能に存在するデータの来歴や中身、型などのメタデータを表示する

求められているもの:

保存機能との連動

発展すると:

現在、まだまだ未成熟な機能。BIツールやDWHが機能として提供しつつあり、例えばBigQueryではデータカタログという名前で提供される。Acryl Dataなどのサービスも出現しつつあるが、多くは、スプレッドシートや社内ウィキなどに表形式で整理されている。

ジョブ管理機能（ジョブスケジューラ）

ジョブ管理機能は、他の機能の実行を制御する機能です。実行の制御のため、ジョブやタスクといった処理を記述します。この定義されたジョブの実行を、時間や他のジョブの実行状態に基づいて制御します。

最も使われるのはETL周りです。ETLの実行開始や、依存関係を制御することが多くなります。

もう少し発展的なパターンでは、レポートの配信制御です。例えば、ETLが失敗するとデータが最新でないのでレポートを送って欲しくない、という現場の要求が発生することがあります。その際はジョブ管理機能を使うことで、ETLのやり直しを待ってレポートを配信するといったことをします。

他にはデータマートの作成を制御することに使われます。例えば、データマートを実行する際に、他のデータマートと抽出データを使うので、それぞれの処理が終わってから実行する、という制御をかけたいといった場面です。

ジョブ管理機能の特徴

何をするか:

各機能をジョブとして動かし制御する

求められているもの:

設定の容易さ

発展すると:

とくに収集や加工機能をとりまとめる専用ツールになるか、それぞれの機能の専用ツールが持っているものを使う。収集や加工が多くなると、ジョブ間の依存関係の考慮やリトライの設定などが必要になるため。専用ツールとしてはJP1といったGUIツールやAirflow,Luigiといったプログラム言語のフレームワークなどが存在する。

BI環境のパフォーマンス管理（BI）

BIの表示パフォーマンス（表示速度や表示数）や、ETLの実行状態などを計測、表示する機能です。これもジョブ管理機能と同様に他の機能の中に存在していることもあります。最近ではBIツールでダッシュボードを作るのが簡易になったが、業務に装着できていないことが多くあります。そうした際にアクセス数などを参考に使われていないものを廃棄していくなどと言った意思決定に用いたりします。

パフォーマンス管理機能の特徴

何をするか:

各機能の実行やエラー数、速度、利用者の状態を測定する

求めらているもの:

簡易なアクセス

発展すると:

現状では専用ツールはない。現状ではBIツールに付随する機能や、各種ツールのログを集計して報告されることが多い。

これらの機能全体を説明される図としては下記のようになることが多くなります。

BI環境の図

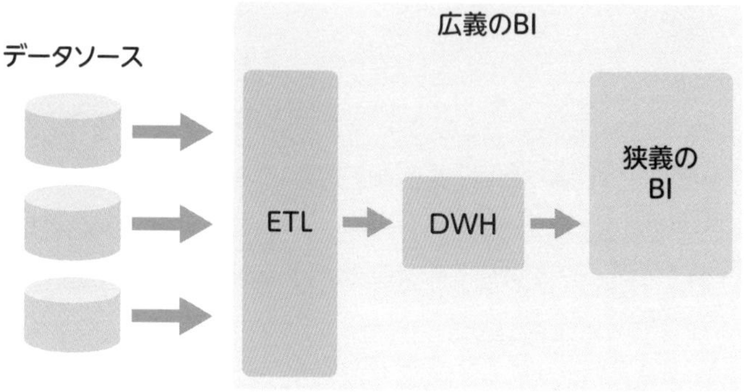

3-4 ETL(ELT),DWHに関する基礎知識

ここでは前節で取り扱ったETL(ELT),DWHに関して、特にBIと関係する知識を説明します。これらはBI環境ではほぼ当たり前のように存在するため、現場に入った場合のキャッチアップの手助けになることを目標に執筆しました。ETLの各要素の関連知識と、BIでアクセスする際のデータ加工の基本的な概念について述べています。

ETL(ELT)

前節でも触れた通りETLはExtract（抽出）,Transfer（変換）,Load（DWHへの取り込み）の頭文字です。ETLとELTとあるのは、以前はDWH側のパフォーマンスや保存量、加工の難しさから、E→T→Lの順で行われたためです。しかし、最近ではDWH側でTを行うことが多いため、E→L→Tの順で行い、EとLのみを担うことが多くなってきています。この項ではまず、ExtractとLoadに関する部分を扱い、Transferに関しては次項で扱います。

以下では、まず、ExtractとLoadの対象となるサービスについて説明します。その後、ExtractとLoadの形式に関して説明を進めていきます。

Extract と Load の対象

前節でも述べた通り、ETL(ELT)では簡易にデータを集めることが重要です。これは、データを発生、保存する外部システムや外部サービスごとに、接続方法と取得できるデータの形式が異なるためです。さらにこうした外部のデータソースはバージョンアップなどにより、接続方法、データ形式、データの内容が変化していきます。BI環境の構築が進めば進むほ

ど、データソースは増えていきますから、これらを一つ一つ実装していくのも、アップデートに対応していくのも大変です。

そこで専門のETL機能やツールの出番です。上記の大変さを機能やツールに代替してもらうのです。これを用いることで簡易にデータの収集を開始できるのはもちろん、機能やツールのベンダーがデータソースのバージョンアップに合わせて必要な形に改修していってくれるのです。

一般的にExtractやLoadの対象とするのは、以下のようなものがあります。接続先が自動でのファイル出力や、一般的な方法で接続できるAPIを持っている場合、大抵のETLツールが対応可能です。難しいのは、手動でのダウンロードのみや、そもそも出力機能を持っていない場合です。これらに関しては、機能やツールで自動で対応するのは難しく、手動でダウンロードしてきて読み込むなどの作業が発生します。これらのデータの利用が必要になった場合には、RPAでの実装や、諦めるという選択肢をとる必要がでてきます。

一般的にExtractやLoadの対象となるもの

1. ローカルやBIツールにアップロードしたファイル
2. ファイルストレージ内のファイル
3. 提供されているAPI
4. データベースシステム

読み込むデータとしてイメージされるのは、1のローカルやBIツールにアップロードしたファイルかと思います。ファイル形式としては、csvやtsvが用いられます。また、Excelファイルなども大抵は読むことができますが、適切な表構造になっていない場合は読み取れません。

2のファイルストレージ内のファイルは、DropboxやGoogle Drive内のファイルです。こうしたクラウドのサービスとして提供されているファイルストレージにあげたcsvファイルなどを直接読み込むことが可能になります。

ファイルストレージを使うと、複数人でデータソース共有をしたい時に便利です。参照するファイルを同じものにできるためです。対して、1のローカルやアップロードだと、一度個人のローカルで加工されたり、取得時期によって内容が変わり、結果が異なってしまうことがあります。

3のAPIというのは、外部サービスがデータを取り出すように専用の通信方法を用意している場合です。この場合、BIツールやETLツールではAPIと接続し、取得するための手続きを比較的簡易にプログラムできる機能で接続することができます。

ただし、API連携のプログラムには一定の専門性が必要です。そこで、BIツールやETLツールでは利用者の多いサービスに関しては、初めから接続機能が用意されていることが多くあります。例えば、Data Portalは、提供元のGoogleのサービスであるGoogle AnalyticsやGoogle Adwordsなどのデータにも簡単に接続できます。色々な外部のデータを使うが、BI環境を整えるエンジニアを雇う余裕がないマーケティング組織などでは、簡易に接続できる機能は非常に重宝されます。

4のデータベースシステムへの接続がBIツールのメイントレンドです。

データベースシステムとしては、Webサービスなどでよく用いられる、RDB（リレーショナルデータベース）やNoSQLといったものもあります。さらに、分析向けに大量のデータを捌くことに向いたDWH（Data Ware House）などを指すこともあります。

こうしたデータベースシステムの中には、本書の冒頭で説明した表構造のデータ（テーブル）が格納されています。これらをBIツールで直接呼び出して加工、分析する場合が一般的です。しかしその他に、BIツールに、後述するSQLでデータ加工を登録する場合もあります。SQLに関しては後ほど言及しますが、データベース上のデータを操作する言語です。

BIツールでは1～4の読み込みを行いますが、ETLでは書き込みも行います。ETLは読み込みと書き込みで、サービス間のデータを移動させることできます。ただし、書き込む際に3の外部サービスに関してはできないことがほとんどです。

◇ Extract方式

前項ではExtractとLoadの対象について述べました。ここではExtractの方式に関して説明していきます。

収集のためにデータを抽出する場合、発生からのタイムラグは避けられません。例えば、外部データソースから抽出し、自分たちの管理するDWHにLoadする場合を考えます。このとき、外部データソースではリアルタイムにデータが発生しているのに対し、自分たちが利用できるデータがリアルタイムでないという状況も起きます。そこで、利用に関してどの位のタイムラグを許容できるのかを決めます。そして、この許容範囲でデータを集められるやり方を選択していきます。このやり方の種類が、Extractの方式となります。

一般的な連携方式は、バルク方式かストリーム方式に分類されます。バルク方式は多くのデータをまとめて抽出する方式になります。対してストリーム方式は、データの発生ごとに、少数のデータを連携する方式となります。

この2つは、抽出元の負荷やデータの必要性に応じて選択されます。抽出元がデータベースの場合は、大量のデータを連携するため時間や負荷のことを考え、夜中など利用者が少ない時に実行されます。対して抽出元がシステムログの場合、ストリームでできる限り発生から短い時間で取得することが多くなります。

また、よりリアルタイムでのデータ取得のニーズがあり、データベースが抽出元の場合でも対応可能な方法があります。その実現方法は、CDC(Change Data Capture)と呼ばれる手法を用います。これはデータベースの更新ログをもとに、ニアリアルタイムでデータを連携するというものです。

◇ Load方式

データの抽出に関しては先ほど述べた通りですが、Loadする際にもいくつかの方式が存在します。大きく分けると、**洗い替え**、**差分更新**、**積み上げ方式**といった方式があります。分析で使うデータがどのように格納されたのかを注意しておく必要があります。注意が必要なのは、形式によって、加工の仕方が異なるためです。方式と加工の仕方が合っていないと、分析の際にデータがおかしなことになることになります。格納手段も抽出と同様に注意を払い、わかるようにしておきましょう。

データ更新

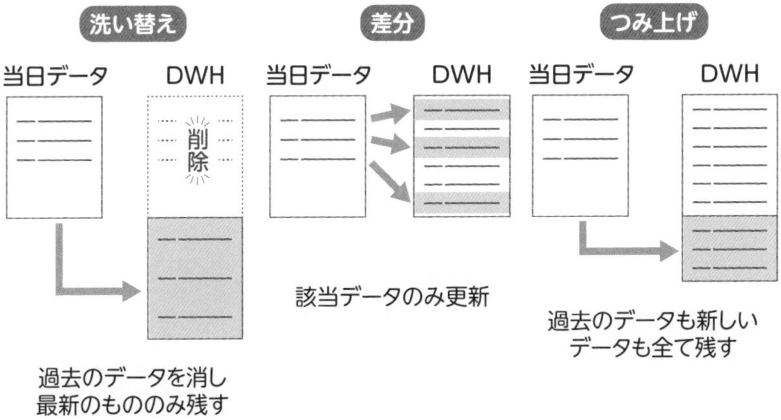

洗い替え方式というのは、すでにあるデータを削除し、取得してきたデータで完全に置き換えるというものです。シンプルではありますが、抽出元のデータソースが徐々にデータを更新したり、削除する形式の場合、更新前や削除前のデータをLoad側に残せないという問題があります。また、データ量が大量になるとExtractもLoadも時間がかかるようになり、システムやツールの負荷を上げ、速度パフォーマンスを悪くしてしまいます。

差分更新は更新されたデータだけを取得し、すでにあるデータを上書きしていくというものです。洗い替えと比べて相対的に抽出や通信するデータ量を減らすことができます。ただし、更新されたものが何かといった情報や、それがすでにあるデータのどれと合致するのか、というのがわからないと実行できません。そして、もしこれらの設定を間違えた場合、データが誤ったものになる可能性があるため、慎重に設定をする必要があります。

最後の**積み上げ方式**は取得したデータをひたすら既存のデータに追加していくものです。洗い替えと異なり、更新や削除の影響を受けないため、過去をすべて振り返り、書き変わったタイミングの調査なども行えるようになります。この場合、いつ取得したのか、といった情報を追加して、すでにあるデータと区別できるようにしておく必要があります。

利用する場合の注意点としては、最新のものだけを取得する必要があります。そうしないと、同じデータが何度も数えられ、数値がおかしなものになるといった問題が発生します。また、ロード先のデータが倍々以上に増えていくため、保存量や利用の際のパフォーマンスが問題となることがあります。

Transfer と DWH

ELTの残りとしてのTransferについて、関連する情報を述べていきます。特に保存と加工の両方を担うDWHと関連づけて学ぶと良いため、DWHも同じ項にまとめました。ここではDWHの少し前までのトレンドと、BIでアクセスするデータの形、それを作るための加工の基礎知識について整理していきます。

DWHのトレンド

DWHというツール、システムに関して述べていきます。DWHとして使われるツールやシステムは昔から様々な形式で存在していました。ただし、Big Dataという言葉が普及し始めた頃は、Hadoopと呼ばれる技術がその中心にありました。Hadoopは分散処理をすることで大量のデータを効率よく扱えました。これを自社で使うために、当時は各社がHadoop用のサーバーを用意、管理していました。

最近ではDWHとしてクラウドサービスが良く利用されます。これらのサービスには、Treasure DataやRedshit,BigQuery,Snowflakeといったものがあります。これにより、エンジニアを最小限に、かつ巨大なサーバーを用意しなくても大量のデータが扱えるようになってきています。他にも、こうしたクラウドサービスでは、データ量やアクセスの増減に合わせてコストを調整できます。また、その他のクラウドサービスと相性が良い、というメリットも持っています。

◇ Transferとデータマート

上記のDWHは中にデータを格納し、活用する際にアクセスします。DWHはテーブルの形でデータが保存されています。分析で利用する場合、使いやすくするために複数のテーブルを組み合わせたり、分析に使いやすいように事前に加工しておくのが一般的です。このような分析で使いやすい形にしたものを**データマート**と呼びます。こうしたデータマートで推奨されるのは、以下の2つの形式です。

データマートとして推奨される形式

- ディメンショナルモデリングされたスタースキーマ構造のテーブル群
- ワイドテーブル構造のテーブル

ディメンショナルモデリングは、使いやすい程度までテーブルを整理して減らします。

このテーブル群は大きく分けると2つになります。集計することでメジャーを作るテーブル（ファクトテーブルと呼ばれます）と、ディメンション情報を持ったテーブルです。**ファクトテーブル**は、ディメンション用のコードを持ち、1つしかありません。対して、**ディメンションテーブル**は複数あります。

このテーブル群を使用する場合、必要なディメンションとファクトテーブルを組み合わせて使用します。ファクトテーブルを中心にディメンション用のテーブルが接続でき、星の形のようになるため**スタースキーマ**と呼ばれます。

ワイドテーブルは複数に分けるのではなく、1つのテーブルにします。横に長いためワイドテーブルと呼ばれ、日本語では大福帳と呼ばれることもあります。

データモデリング

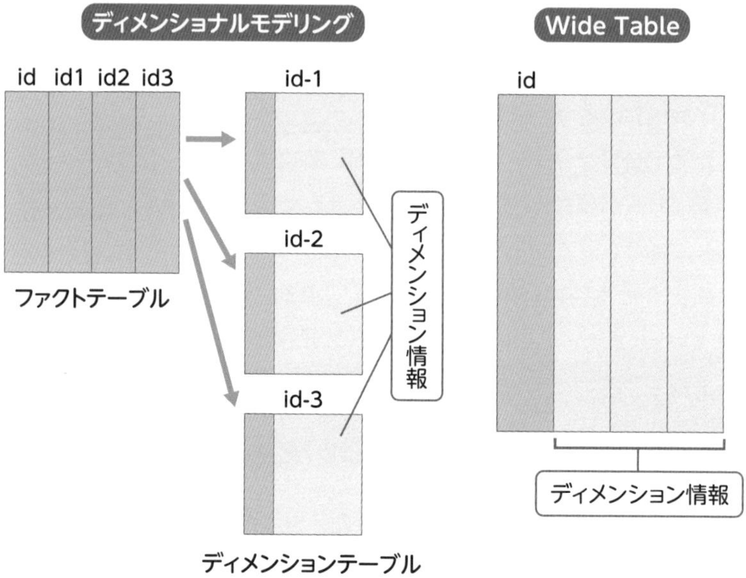

ワイドテーブルではディメンション用のテーブルの情報がレコード分増えていることになります。かつては容量やパフォーマンスを考慮しディメンショナルが推奨されていました。ただし、最近のDWHは、その処理の特徴上、ワイドテーブル型の重複の速度に与える影響が低いとされています。

加工の基礎知識

この節の最後にTransferで用いられる加工手段について整理します。BI,ETL,DWHやさらにそれぞれのツールごとに、加工を実行する機能は異なります。これらの概念として整理しておくことで、それぞれのキャッチアップを簡易にすることができます。

データの加工で非常によく用いられるのは以下の4つの概念です。

データ加工

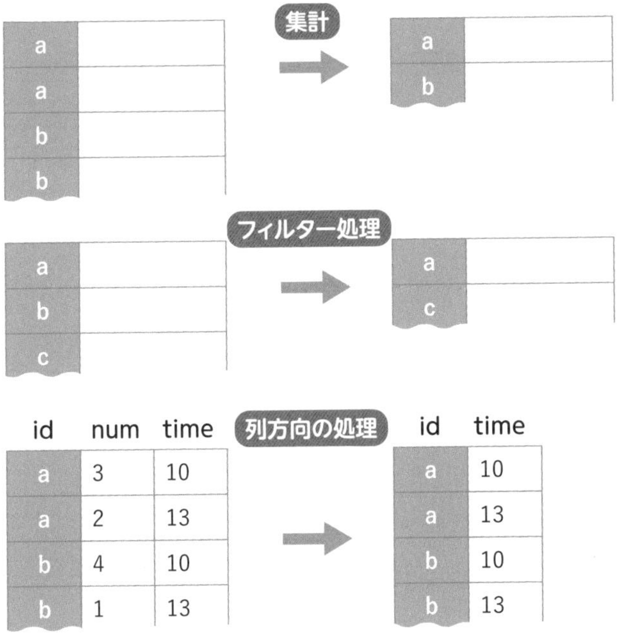

・テーブル間の結合：　IDでの連結、テーブル間を重ねる
・列方向の処理：　対象の列のみを取り出す、対象の列内のデータに同じ加工をする
・フィルター処理：　条件に基づいて行のみを残す
・集計：　対象とするキーが同じ場合、レコードを1つにする

1つ目はテーブル間を結合するものです。横に結合していくパターンと縦に結合するパターンがあります。Webサービスなどでよく用いられる、リレーショナルデータベースでは、パフォーマンスのために、ID（キー）でテーブルの結合をすることを前提にしています。ただしデータ分析では、別々のデータソースを結合する必要があり、その時、結合するための

キーが存在しないことがあります。その場合、それぞれのIDを連結させる対照表を自分で作るといった工夫が必要になります。

2つ目は列の加工です。これは分析に使いやすいものにしたり、計算を行うといった処理を行います。例えば、消費税をかけたり、文字をわかりやすくしたりといった処理です。Transferで用いられるツールの大半は、加工の際に同じ列であれば同様の処理がかかります。一部のレコードの列に処理をかけたい場合は次のフィルターと組み合わせる必要があります。

3つ目のフィルターは、残すレコードや除外するレコードの条件を決めて、それに基づいてレコードを増減させる処理です。ここでいう条件は例えば、日付が過去3日以内といった条件のことを指します。

最後の集計に関しては、本書の前半にも述べた単位を決めて、集約処理をかけることです。DWHでも同様に、単位となる列を決めて、集約を行います。

なお、冒頭にも述べた通り、最近ではDWH上での加工が中心になっており、その際にSQLというデータベースを操作する言語が用いられます。簡易にですが、上記の加工手段とSQLのキーワードをまとめておきました。SQLは必要となる現場が多いため、下記表を軽く頭に入れ、必要になった場合は参考文献でぜひ学習してみてください。また、2章でスプレッドシートの関数に用いたQuery関数も似たようなキーワードを用い、書き方も似ていますので、こちらで練習してみるのも良いでしょう。

処理名	SQLキーワード
テーブル間の結合	(left outer) join,union all
列方向の処理	select
フィルター処理	where
集計	group by

例えば、本書の1章で用いたデータで横浜店の日毎の売り上げを取得するSQLは以下のようなものになります。

SQL例

```
--取得するカラム、加工方法を指定
select
    "アプリの利用データ"."日付"
    --集約対象と方法を指定
    ,sum("アプリの利用データ"."売り上げ")
from
    --使用するテーブルを指定
    "アプリの利用データ"
--対象の店舗を指定
where
    "アプリの利用データ"."店舗名" = "横浜店"
--集計単位として日付を指定
group by
    "アプリの利用データ"."日付"
```

COLUMN データの発生元

BIや情報系システム、データ分析環境の話が続きましたが、ここに含まれないが非常に重要なものがあります。それは、データの発生元です。

発生元に注意を払うのは非常に重要です。こうした環境に連携されるデータは分析環境外で発生したものです。それをETLなどで連携してきていますので、発生元の影響を強く受けます。発生の変更によっては、運用中のシステムが機能しなくなり障害となることもあります。

加えて、そのデータの発生の形によって分析の仕方も変わってくるためです。

このように収集されるデータは大きく分けると2つに分けられます。システムが発生させるものと、アンケートや実験などで収集されるものです。システムが発生させるものはさらにその中でログとシステムのデータベースに格納されているものに分けられます。データベースに格納されるものは、頻繁に更新されるトランザクションやイベントと呼ばれるものと、あまり更新されないマスターと呼ばれるものに分かれます。

ログはサーバー側で更新されるものと、ブラウザなどの動きで取得されるものがあります。ブラウザ側で取得されるものはタグを埋め込む、という表現をされ、ビーコン方式などと呼ばれます。代表的なものはGoogle Analyticsなどです。

最近ではこれらに加えて、スマートフォンなどで収集されるユーザーの位置情報の記録や、カメラやドローンなどの動画や音声情報、センサーで収集される情報なども用いることが可能となっています。

データによる分析の仕方の違いについて説明します。

例えば、アンケートや実験などのデータは全てのユーザーから収集することが難しく、部分しか手に入れられません。そこで、一般化するために統計学の知識を用いた分析が必要です。

反対にシステムに記録されているデータは障害や、バグなどの影響を受けます。障害があると、その期間の全てが記録されなくなります。また、バグなどにより、一部のデータだけが記録されていないという状況が発生します。そのため、この影響がないか、データの下調べがとても重要になります。

こうした観点から、データの収集の際にも、管理を適切に行う必要があります。例えば、収集元をリストアップし、分類しておくことは非常に重要です。

このとき、担当者の情報も記録しておくと良いでしょう。データを発生させる側に大きな、更新がある場合は対応が必要になります。そこで、発生元から定期的にシステム更新などの情報をもらっておける関係を築いておく必要があるためです。

さらに、データの発生や記録のさせ方の設計に関わっていくことも重要です。設計にか関わらなかったばっかりに、システム間でidが紐づかず、分析できないことがあります。他にも、似たイベントであるにも関わらずログ上はそれがわからず、データ加工に手間が大きくなることもあります。それらを防ぐために、ログなどの設計から関わることも重要です。

memo

この節で扱った内容としては「10年戦えるデータ分析入門(SB Createive)」などがより参考になります。

3▸5 Tableau,Metabase,LookerといったBIツールに関して

この節までで、BIの機能に関して整理してきました。この節ではよく使われるBIツールを紹介していきます。前節までの機能の分類に基づいての説明になるため、未読の場合は適宜参照するようにしてください。この節では機能の類似性に基づき、以下の3パターンに分けてBIツールを分類しています。

BIツールの分類

特徴	BI
無料かつシンプルで使い始めやすい	Metabase/Redash/Superset
コネクタや機能が豊富で、非エンジニアでも始めやすい	Tableau/Qlik/PowerBI
作成したものの再利用性が魅力	Looker/MicroStrategy

どのツールも長短があり、自分たちの組織やフェイズにあったものを選択していく必要があります。ユーザーが必要とする場合、どのツールも機能を拡張していくため、BIツールと聞いてイメージする基本的な機能で優劣はほぼつかないと思ってください。今の環境と照らし合わせてツールを選択する場合に本節をぜひ参考にしてみてください。なお、ここに記載できなかったBIツールも存在しますがご了承ください。

▶ Metabase/Redash/Superset

プログラムが公開されており、自前でWebサービスとして立ち上げれば無料で利用できるBIツールです。有料のものと比べると、機能としては簡易なものになっていますが、利用している現場も多く存在します。

簡易な機能となっている部分としてわかりやすいのは、収集や蓄積、配信などでしょう。外部サービスへの接続などはなく、自分たちでDWHを用意し、それに接続するのが基本的な使い方です。データの加工に関してはSQLを登録することが可能です。配信なども最小限にとどまります。

逆に可視化に関しては、基本的なグラフは揃っており、ダッシュボード作成も十分行うことができます。

一見すると不十分には見えるかもしれませんが、無料であり必要最小限の機能が揃っているというのは十分なメリットがあります。無理に複雑なBI環境を作る必要がなく、ニーズが簡易であれば、これくらいシンプルな方が学習や運用もしやすくなります。

BIツールとしての欠点よりも。むしろ運用面の負荷などを検討する必要があります。というのも、Webサービスとして立ち上げる作業や、管理が専用のデータベースと合わせて必須のためです。これらの運用と分析を両立させられるか、などは事前に考えておく必要があります。

▶ Tableau/PowerBI/Qlik

これらはセルフBIと呼ばれることが多いBIツールです。様々なデータソースへの接続や、データの加工、グラフの作成が非常に簡易に行えるようになっています。また、デスクトップアプリとWebサービスの両方がありますが、Webサービス側は自分たちで管理しなくても良い契約もあり、管理工数を下げることができます。図のように加工/作成を定義するデスクトップアプリと、公開/配信/自動化するサーバーアプリを持っています。また、アクセスを簡易にするためスマートフォンアプリなども用意されています。

Tableau構成

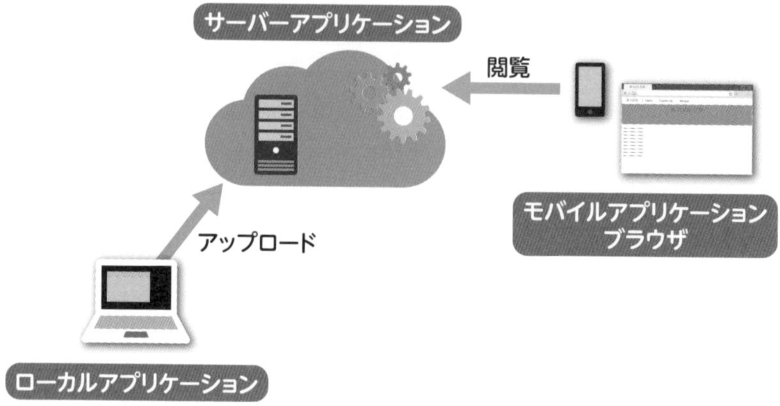

有料サービスですが、とにかくできることが多彩です。

機能が豊富なので、比較的楽にBI環境を立ち上げられます。そのため、立ち上がり時からBI環境に求められるものが多い場合はこれらのサービスと契約することがおすすめです。他にもPowerBIはMicrosoft社との契約によっては、追加コストがなく使える場合もあります。

また、これらは提供する会社の別のサービスと連携しやすくなっています。たとえば、TableauはSalesforce社のSlackなどの各サービスと連携がしやすくなっています。PowerBIも提供するMicrosoft社のサービスと連携しやすくなっています。このように、これらのサービスはデータソースや配信面でもシナジーが効きやすいというメリットがあります。

逆に言うと、できることが多いため、ツールそれぞれの癖などにより、学習コストも高くなります。データの加工などに関しては、ユーザーが増えると標準的に教育するのが難しくなるといった問題が存在します。

BIツール:Looker/MicroStrategy

LookerやMicroStrategyは、有料ですが、開発性や保守性に特徴があるツールです。

前出のセルフBIでは一つ一つを作る面では容易い反面、一度作った定義を再利用したりといった開発や保守に関する部分が弱くなっています。そのため、BIツールの開発運用は労働集約になりがちでした。

その課題に対して、この2つはシステム開発における再利用性などの概念を取り入れて解決しようとします。例えばLookerはLookMLというSQLを拡張したコードでデータ加工や可視化を設定できます。コードであるためgitで管理し、開発プロセスをソフトウェア開発に近づけることができます。さらにコードを別のコードから呼び出すことで再利用することができるようになっています。

また、この2つは情報システムのインフラとしての機能にも注力しています。例えば、加工プロセスをジョブとして依存関係を持たせて管理する機能があります。他にも、前出のセルフBIより様々な外部連携機能を持っています。

この2つは専用のエンジニアが用意できる場合、非常に強力なプラットフォームとして機能します。

上記の反面、Tableauなどと比べてエンジニアリング観点での素養がより必要になります。そのため、学習コストが高くなったり人材を集めるのが難しいことが弱点です。

環境面としての特徴を強く説明しましたが、スマートフォンアプリがあったり、基本的な可視化や加工に関しても他のBIツールと遜色ありません。

本節のまとめ

機能	Metabase/Redash/Superset	Tableau/Qlik/PowerBI	Looker	MicroStrategy
データの収集	データベースなど最小限	コネクターが豊富	なし	ファイルやデータベースはあり
データの蓄積	外部データベース	データベース接続/自身のストレージ	データベース接続のみ	データベース接続/自身のストレージ
データの加工	SQLを登録。描画ごとに加工	GUIによる操作および加工用のプロダクトや機能があり	SQLおよびLookML	GUIによる操作で作成し、再利用可能

データの可視化	あり/管理用のインデックス画面あり	あり/サーバーによるインデックス機能あり	あり/インデックス画面あり	あり/パネル機能
データの配信/共有	メールにて配信可能	サーバーによる公開/配信/埋め込みなど	非常に多彩	MicroStrategy Library/モバイルアプリ/エクセルアドインなど
メタデータの管理	なし	追加機能でTableauにあり	データディクショナリ	エンドユーザー向けにはなし
ジョブ管理	時間トリガーの配信スケジューラ	配信や抽出のスケジューラあり	各配信方法および、データの加工プロセスのジョブあり	配信、データの更新などの依存関係管理あり
BI環境のパフォーマンス管理	なし	Tableauにあり	あり	なし

番外編:Dash/Shiny/Streamlit/flexdashboard

ここでは番外編としてBIツールのように扱えるものについて説明します。

ここであげた4つは、BIツールとして提供されているものではありません。これらは、PythonやRというプログラミング言語でダッシュボードを作るための、**フレームワーク**と呼ばれるものです。フレームワークというのは、ある程度決まった形で書くことで、ゼロからプログラミングする工数を減らせるものだと思ってください。

これらのフレームワークは、分析結果を表示したり、パラメータを変更して、操作が可能なWebアプリケーションを手軽に実装することができるフレームワークになります。

こうしたPythonやRのフレームワークを使うことのメリットは大きく2つあります。1つ目は、PythonやRの豊富な統計解析や機械学習のリソースを再利用できることです。2つ目は、すでにPythonやRで実装されたデータ加工やデータ収集のプログラムを再利用しやすいことがあげられます。DashとStreamlitはPythonで、ShinyとflexdashboardはRでそれぞれ実装します。

使いこなすには、Webアプリケーションの知識やプログラミング言語の知識が必要になります。すると、BIツールの利用者/開発者とは対象が多少異なりますが、すでにこうした言語に習熟している方はこちらの利用も検討しても良いかもしれません。

3-6 BIエンジニアの業務フローとケイパビリティに関して

前章までのハンズオンでは自分起点で作る体験でした。実際の現場では、依頼を受けて作ることが想定されます。ここではその流れを整理し、仕事のフローを作る際のヒントにしていただくことを目標としています。また、そうした開発人材を増やすための**ケイパビリティ**の整理も行い、最後に自分たちを評価するためにどんな指標があるのかを簡単に説明します。

BI開発の流れ

ここではBIツールでの開発の流れを把握していきます。大別して5つのステップに分けて説明しています。

1. 依頼の詳細化

まずは依頼者へのヒアリングなどを通し、何が欲しいのかを明らかにしていきます。基本的には「何を作って欲しいのか？」を整理していくことになります。ただし、現状では依頼者も「BIって？」「ダッシュボードって？」という状態が多いでしょう。そこで、ここでは「どんな形のものが欲しいか？」よりも前に「何に使おうとしているのか？」を明らかにしてもらった方が、関係性をイメージしやすくなります。

こうした「何に使おうとしているのか？」を明らかにするために、以下をまずヒアリングし、書き残しておくと良いでしょう。

・依頼者がどのような業務に使おうとしているのか？
・どんなタイミングでそれを使うとしているのか？

2.アウトプットのすり合わせ

ヒアリングをもとに、アウトプットの形をすり合わせていきます。

ここでは、見る数値と、その数値を見る際の単位と基準値をはっきりさせます。これをはっきりさせることで、使おうとしている目的でいうと、こうしたものが表現されないといけないよね、というところが明らかになります。これを明らかにするのがこのステップのゴールです。

これらが明らかになっていない場合、データを定期的に見てもアクションがされることがなく、ダッシュボードが使われているとは言えないからです。悪いパターンとして、ただ毎日なんとなく数値を見たい程度で依頼が行われることもありますが、優先度を下げた方が良いでしょう。

逆に、ここではまだグラフの種類や配置、デザインなどはあまり気にしない様にします。こうしたデザインやグラフは目に見えるため非常に重視されがちではあります。しかし、使い方が明らかになっていなければ、どれだけ綺麗なダッシュボードが作れてもビジネス上の意味はないためです。

3.基礎調査

アウトプットの必要性と方向性がヒアリングで明らかになったので、実現させるための調査を進めていきます。まず、必要な指標が分かっているため、それをどう集計して作るかを考えていきます。その際に、それが必要なデータが存在しているのかも調査していきます。これを怠ると、実際に作り始めた時に実は作れなかった、収集から始めなければいけなく実開発に非常に時間がかかる、などの問題が発生します。

加えて、今までのヒアリングを元に、必要なグラフや基準値の示し方などをすり合わせていきます。依頼者によって提案してほしいタイプもいれば、自分が決めた形で絶対に実現して欲しいタイプもいますので、この辺りは依頼者に合わせていくことも重要です。

4.実開発

ここまで来て、やっと実際の開発に入っていきます。データの収集

(ETL) や、保存と加工 (DWH)、グラフ化と配信 (狭義のBI) を実装していきます。基本的にこのステップでは依頼者とはコミュニケーションを取る必要はありませんが、進捗を定期的に共有すると安心してもらえます。

5. ユーザーテスト

依頼者に実際に作ったものを触ってもらい、問題なく使えるかを確認してもらいます。基本的にここまでのステップが適切に行われていれば、最初の要望通りのものが作られ、問題はないはずです。そういう意味ではこのステップでは、基礎調査や実開発の際に問題がおき、最初の依頼通りに行かなかった部分が問題ないかの確認に留まるはずです。

まとめると、あたらしいダッシュボード作成までの流れは以下となります。

ステップ	ステップ内容
依頼の詳細化	どのような業務の、どんなときに、用いられるかを明らかにする
アウトプット内容のすりあわせ	依頼者がどんなデータを見て、どんな基準で判断し、次の行動を起こすか整理する
基礎調査	可視化案のすりあわせ、必要なデータの整理、収集状態の確認
実開発	ETL/DWH/BIの開発
ユーザーテスト	実業務の中でテストしてもらい、問題ないかを確認してもらう

BI開発の必要ケイパビリティ

BI開発を行うチームを作っていく場合、基本的に、上記のステップを行えるメンバーを集めていくことが必要になります。ここでは、そのための必要なケイパビリティを整理していきます。例えば、ダベンポートはアナリストに必要な能力として、テクニカルな能力、ビジネスの知識、コミュニケーション能力、コーチング能力をあげています。

これをもう少し実務で使いやすい形に表現し直すと、上記の業務を実施するためには以下3つのケイパビリティとして表現できそうです。

必要な3つのケイパビリティ

1. 利用するツールの知識
2. 依頼者の業務への理解と、要求を整理する力
3. データを収集、加工するための技術に関する知識と実行力

一つ一つ見ていきましょう。1の利用するツールの知識と3のデータを収集、加工するための技術に関する知識と実行力は基礎調査や実開発を達成する上で重要になります。対して2の依頼者の業務への理解と、要求を整理する力は依頼の詳細化で重要となります。前項でも述べましたが、「ダッシュボードって？」という依頼者に対し、歩み寄っていく必要があります。

実際にメンバーを集めるにあたって、育成計画や採用計画を立てていく必要がでてきます。その際に上記3つだけでは抽象的ですので、現場に応じてサブスキルに分解し、詳細計画に反映していくと良いでしょう。具体例として、以下のような記述が考えられます。

例1:プロダクト開発を管理しているメンバー例

No.	ケイパビリティ	詳細
1	利用するツールの知識	・Metabaseの基礎知識 ・SQLの基礎知識
2	依頼者の業務への理解と、要求を整理する力	・改修する機能を決定する業務の知識 ・ユニットエコノミクスなどの指標運用に関する知識
3	データを収集、加工するための技術に関する知識と実行力	・プロダクトの利用ログの発生タイミングや形式に関する知識 ・ログに対しユーザー属性データを紐付け、日付単位で指標を集計できること

例2:広告配信を管理し売上向上を目指すマーケティングメンバー例

No.	ケイパビリティ	詳細
1	利用するツールの知識	・Google Analyticsの基礎知識 ・Tableauの基礎知識
2	依頼者の業務への理解と、要求を整理する力	・次期マーケティング施策を決定する業務の知識 ・ROAS,UUといったウェブマーケティングを含めたマーケティング指標の基礎知識
3	データを収集、加工するための技術に関する知識と実行力	・広告投下期間、期間内売上といった社内データの取得方法、定義の知識 ・上記データとGoogle Analyticsのデータ日付単位で組みあわせ、流入ごとで分析できる形に加工できること

これらの定義には、自分たちのチームの状態の整理から始めると良いでしょう。例えば、自分のチームが関わった案件、使用しているツール、実際に作成し運用されているアウトプット、用いられているデータの洗い出しなどです。ここで洗い出したものと、メンバーのできることを対応させる形で整理します。すると、現在のチームの業務の全体感や、メンテナンスできなくなっている資源に気づくことができるようになります。

チームの今後の方針検討のためにもまた、定期的に必要なケイパビリティの棚卸しは重要です。サブスキルが多くなりすぎた場合、サブチームへの分割も検討した方が良いでしょう。そうすることで、専門性を高めていくことができます。内部でサブチームを持つのが難しい場合、外部の専門家に依頼するように組織を変えることも検討した方がよいでしょう。

ケイパビリティの目線から見た時に、現在のBIツール周りでは将来のメンテナンス性を意識できる人材の確保が難しくなっています。一つには、ソフトウェアエンジニアリングのような管理の方法論を考えるのに積極的でなかったからかもしれません。作成プロセスや作成したアウトプットを管理する方法論が少ないのです。しかし、同じデータを使う機械学習分野では、MLOpsと呼ばれる将来を見据えた運用の体系化が進んでいます。今後は、BIツールの周りでもこうしたことを考えられる人材の重要性は高くなってくるでしょう。

BIチームを管理する際に利用する指標

BIチームはその体制によって成果の定義が変わるため、自分たちが上手くいっているかを測るためにどのような指標を見るべきか、というもの多岐にわたります。

例えば、BIの作成と保守を行っているチームの場合、時間が経つと保守の割合が多くなります。その場合は、一人当たりの管理しているダッシュボードや障害数といったものを参照していくのが良いでしょう。

逆に、自分たちが分析をする主体ではなく、組織のデータ活用をサポートするという組織になる場合もあります。その場合はBIツールの利用者数やリピートユーザー数などを見ていくことも重要です。また、社内トレーニングの結果を指標としているケースもあるようです。

最近のBIツールやDWHには、参照ログなどを出力できるものが存在しています。それらを利用することで自分たちの環境やBIユーザーの状態を定量的に測ることが可能になります。これらを見ながら自分たちの業務がうまくいっているのかを確認していけると良いでしょう。

3▸7 BIとデータマネジメント

ここまでで、BIツールの機能に慣れるハンズオンと基礎的な知識の習得を進めてきました。最後の節では、こうしたBI業務を組織レベルで実行が必要になった時に備え、それらのフレームワークとして便利なデータマネジメントについて紹介していきます。この節では、DAMA-Iによるデータマネジメントの定義と代表的な概念、本書との関係を扱っていきます。

データマネジメントとは

データの増大や活用の拡大に伴い、データに関わる業務を適切に続けていく必要性が高まってきています。

適切なデータ業務の実現のために管理の仕方を検討する団体が生まれました。有名なのはアメリカに拠点を持つ、DAMA-I (Data Management Association International)です。DAMA-Iでは研究の成果として、データマネジメントを体系化した資料としてDMBOK (Data Management Body of Knowledge)を発行しています。

このDAMA-IのDMBOKではデータマネジメントを以下のように定義しています。

DAMA-Iのデータマネジメントの定義

・データ資産を
・管理、保護、供給、強化するための
・計画、ポリシー、プログラム、プロジェクト、処理、実践、手続きにあたって
・開発、実行、監査を行うこと

シンプルに言うと**「データを用いていくための業務運営を安定的に回せる体制」**についての方法論、と言ってもいいかもしれません。

データマネジメントの導入方法

データに限らず、多くのビジネスの現場では、物事を管理していくことで効率化や目標達成がしやすくなる、という考えがあります。

管理することで、過不足を制御し、効率化を進めることができます。ビジネスの多くの分野ではマネジメントが浸透しています。

データの現場でもマネジメントを進めようという動きが出てくるのも当然かと思います。特にデータの業務は歴史が短く、属人的なものが多い状態でしょう。そうした状態から標準化され、安定的に管理できる状態にしたいという欲求は理解できます。

データのマネジメントを進めるためには、どうすれば良いでしょうか。大抵の場合は、うまくいっている事例を参考にすることが多いのではないでしょうか。こうすることで、ゼロから考える手間を減らすことが可能になります。

この時、先例は個別のケースよりも体系だった教科書のようになっていると学びやすくなります。DAMA-Iはこれを可能にするために、事例や理論を集めまとめてくれています。それをDMBOKという名称で、発表してくれています。これを学ぶことで、自分たちで考えるよりも、網羅性が高くなります。

以下ではDMBOKの中で特に基本的な整理に使える知識を2つ紹介します。**データマネジメントホイール**と**データライフサイクル**です。

DMBOKでは、データマネジメントの業務領域を整理したDAMAホイールというものを発表しています。

データマネジメントホイール

※出典: DMBOK2「DAMAホイール図」

DAMAホイールの領域をもとに自分たちの業務を整理してみるのは良いことです。ホイールの各領域に取り組んでいるのか、うまくいっているのかという評価を行うことで、業務の弱点を明らかにできます。このように網羅性高く、自分たちの業務の改善計画を立てることができるようになります。

本書では触れていない領域もありますので、興味があればぜひDMBOKを参考にしてみてください。

本書とホイールの対応

DAMA Wheel	本書での該当1
データガバナンス	1,2,3章
アーキテクチャ	3-3.BIツールと分析環境の立ち位置
データ品質	1-6.配信、共有機能

メタデータ	3-3.BIツールと分析環境の立ち位置
DWH&BI	1,2,3章
参照データとマスターデータ	なし
ドキュメントとコンテンツ管理	なし
データ統合と相互運用性	1-6.配信、共有機能
データセキュリティ	なし
ストレージとオペレーション	3-4.ETL(ELT),DWHの基礎知識
モデリングとデザイン	3-4.ETL(ELT),DWHの基礎知識

他にも、データライフサイクルという概念も役に立ちます。

データライフサイクルは、データ活用におけるデータの発生過程を説明したものになります。

データのライフサイクル

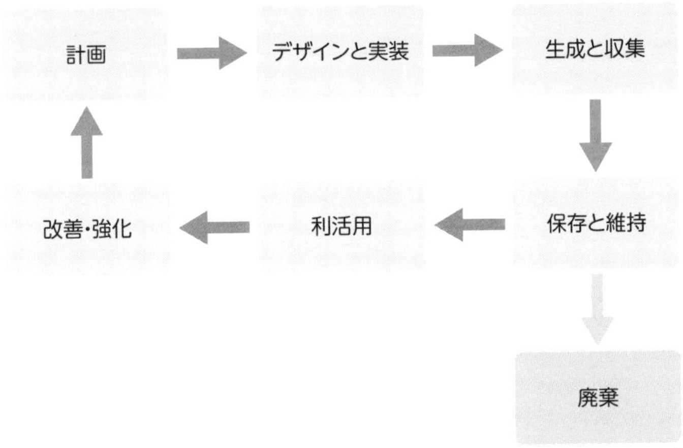

※出典：DMBOK2「データライフサイクル図」

このデータの発生過程ごとに、関係する業務を整理します。ライフサイクルの一つ一つの業務がどのように行われているか、どんなツールが使われているかを紐づくか整理するのです。その業務ごとに目標を置いて運営していくことで、データの価値を高めていけるようになるはずです。

memo

データマネジメントに関しては基礎的な概念の入門としては、「戦略的データマネジメント(翔泳社)」が読みやすくおすすめです。詳細や実務に関してはやはり「データマネジメント知識体系ガイド 第二版(日経BP)」を参考にしていただけると良いでしょう。

その他、本文にもあった通り、データマネジメントに関する団体としては下記のようなものもありますので、参考にしてみてください。

Data Management Association International:
https://www.dama.org/cpages/home
データマネジメント協会 日本支部:
https://www.dama-japan.org
一般社団法人日本データマネジメントコンソーシアム:
https://japan-dmc.org

おわりに

本書をお読みいただき誠にありがとうございました。

「はじめに」でも書いた通り、本書は「入門のための最初の一歩」を目指しています。当然、本書の内容だけでは不十分な場合もあるでしょう。

そこで、本書の締めとして、次のステップのお勧めとなる書籍を挙げて、終わらせていただきたいと思います。

まず、本書の次に読む場合、実務面では以下の2冊がお勧めです。

・「データ解析の実務プロセス入門（森北出版）」
・「10年戦えるデータ分析入門（SBクリエイティブ）」

どちらも入門とついていますが、本書と比べ、より専門的・網羅的な内容となっております。

また、統計などの知識を得たい場合、教科書や専門書に入る前に、先に以下の4冊を手に取ることをお勧めします。

・「統計学がわかる（株式会社技術評論社）」
・「統計でウソをつく法（ブルーバックス）」
・「ファクトフルネス（日経BP社）」
・「その問題、数理モデルが解決します（ベレ出版）」

どの本も数式は最小限で、現実に近いテーマと紐づけているため入門者にも優しい内容となっています。読み物としても面白いので、まず興味を持つために本書の次の書籍としてはお勧めです。

最後にBIツールの実務につく場合は、以下の4冊を手元に置いておくことをお勧めします。

- 「BIシステム構築実践入門（翔泳社）」
- 「ビッグデータ分析のシステムと開発がしっかりわかる教科書（株式会社技術評論社）」
- 「ビッグデータ分析・活用のためのSQLレシピ（マイナビ出版）」
- 「THE BIG BOOK OF DASHBOARD（Wiley）」

これらは業務で困った場合や、説明資料を作る際に必要な情報がつまっています。おそらく何度も参照することになるため、ぜひ手元に置いておくことをお勧めします。

そして、可能でしたら本書もその棚の中に並べておいていただけたら幸いです。

近藤 慧 著

監修あとがき

私、監修の前側は業種業界問わずさまざまな会社のBIツール導入プロジェクトに参加してきました。また自身も大企業（ヤフー株式会社）やスタートアップ（株式会社オープンエイト）などでBIツールの活用をリードしてきました。その経験から得た知見をデータ活用に関するコミュニティで発信してきました。より多くの方にBIツールを活用していただきたいと思い本書を企画しました。本書を通じて2つの思いを実現できると嬉しいです。

BIツールをきっかけにデータ活用を始める

BIツールは専門的なデータ分析者だけのツールではなく、職種や役割を問わず多くのビジネスユーザーが利用することができるツールです。また、データ関連スキルの中で親しみやすくデータ活用に慣れるのに適しています。

私は就職活動の中でBIツールを知ったことがきっかけでデータ活用に興味を持ちました。直感的にデータを加工して楽しく仮説検証できるBIツールは、まるでレゴブロックで遊ぶような感覚でデータに慣れることができます。私も今でこそデータ活用のスキルやプログラミングなどを学びデータアナリスト職に就いていますが、BIツールと出会っていなければデータアナリストにはなっていなかったと思います。

実際に派遣社員の方でたまたまBIツールの担当になったことがきっかけでデータ分析職についたり、情報システム部門の方がBIツールを担当したことでデータ分析チームを立ち上げるケースなども多くあります。本書はハンズオンを通して直感的にデータ活用を学習できるように工夫しておりますのでぜひ楽しくBIツールの操作を体感してください。

誰もが意思決定に繋げられるようにする

データ活用や分析業務の歴史は浅く、方法論が確立されておらず各社手探りで対応していることが多いです。本書はBIツールの全体像の整理や私たちの実践してきたノウハウを本書の中に記載してみました。

「この場合どのように進めれば良いのだろう？」という悩みを解決し、次の一歩を進める一助になると幸いです。

最後に本書の著者である近藤慧さん、出版のきっかけをくださった清水隆介さん、いつもBIツール研究所のコミュニティに参加頂いている皆様に心より感謝いたします。

前側 将

索引

監修者略歴

前側 将

大学卒業後、ヤフー株式会社のデータアナリストなどを経て、2020年より株式会社オープンエイトのデータ戦略 Group Managerとして従事。データ組織を立ち上げ、社内のデータ活用を支援している。データを活用する人のコミュティ「BIツール研究所」を主催。

BIツール研究所について

私たちは「BIツール研究所」というデータアナリストの有志で立ち上げてコミュニティを運用しております。「BIツールの情報をオープンにし、誰も意思決定に繋げられるように支援する」ことをミッションに活動しております。各ツールメーカーの意見ではなく、ユーザーの立場に寄り添い、客観的な事実を発信していくことを心がけております。

各ツールの情報をオープンにすることで誰もが自社にあった最適なツールを導入できるようにしたいです。また、単純に機能を比較するだけでなくてどんな組織にFITするのか、実務で必要なスキルや課題は何か、今後のトレンドは何かなどさらに発展的なディスカッションをできるようにコミュニティを運営していきたいです。

BIツール研究所はTwitterやYouTubeなどで情報を発信しています。ぜひチェックしてみてください。

検索：「BIツール研究所」

著者略歴

近藤 慧

企業におけるデータ分析および活用の推進を仕事とする。大学卒業後、コンサルティング会社を経て、現在はWebサービスを提供する会社に勤める。事業成長のための企業内データ統合やツールの導入、定着を支援することが多い。データドリブン文化醸成を目指す人のためのDATA Saber認定制度の卒業生

「BIツール」活用 超入門
Google Data Portalではじめる
データ集計・分析・可視化

発行日 2021年 12月 1日 第1版第1刷

著 者 近藤 慧
監 修 前側 将

発行者 斉藤 和邦
発行所 株式会社 秀和システム
〒135-0016
東京都江東区東陽2-4-2 新宮ビル2F
Tel 03-6264-3105（販売） Fax 03-6264-3094
印刷所 三松堂印刷株式会社 Printed in Japan

ISBN978-4-7980-6541-0 C3055